→ 無料ではじめる

Blender
ブレンダー

CGアニメーション テクニック

大澤龍一・著

3DCGの構造と動かし方がしっかりわかる

「Blender（ブレンダー）」は、モデリング、レンダリング、アニメーションから
映像の編集までこなせるオープンソースの3DCG制作ソフトで、
無料で使用することができます。本書は、2019年8月時点での最新バージョンである
Blender2.80を使用して解説しています。
そのため、ご利用時には変更されている場合もあります。
ソフトウェアはバージョンアップされる可能性があり、
バージョンが異なる場合は仕様や挙動、インターフェイスが変更されていることがあります。

Blender（2.80）の対応OS
- Windows 10, 8, 7
- macOS 10.12+

そのほかハードウェア要件、推奨環境の詳細は、
開発元のBlenderFoundationのWebサイトをご確認ください（https://www.blender.org/）。
※本書はWindowsで動作確認をしております。本書内では解説しておりませんが、Linux環境でも動作します。
　画像にはMacのショートカットキーが含まれていることがあります。
※Windowsでは、32bit、64bitでインストーラーが異なります。
※新しいバージョンがリリースされた際には最新版のインストールをお勧めします。

本書の内容
本書の内容は、Blenderの機能すべてを解説していない点をご了承ください。
モデリング、テクスチャ、ライティング、カメラ設定などの詳細は解説しておりません。

操作環境
本書の操作解説では、テンキーを使用します。テンキー付きキーボードや
別売りのテンキーの使用を推奨します。また、おもな操作をキーボードショートカットで解説します。
マウスは中ボタン（ホイール）付きで、クリックできるタイプのマウスを推奨します。

免責
本書に記載された内容は、情報の提供のみを目的としています。
したがって、本書を用いた運用は、必ずお客様自身の責任と判断によって行ってください。
これらの情報の運用の結果について、技術評論社および著者はいかなる責任も負いません。

商標、登録商標について
本文中に記載されている製品の名称は、一般に関係各社の商標または登録商標です。
なお、本文中では™、®などのマークを省略しています。

［サポートページ］

本書で使用するLESSONファイルのダウンロード、
正誤表や補足情報は下記のWebページをご確認ください。

https://gihyo.jp/book/2019/978-4-297-10863-2

はじめに

Blenderで
アニメーション作りを楽しもう！

この本では、Blenderを使ったアニメーション制作の習得を、「勉強」のようにとらえず、
遊びながら上達できるように、ゲームのようなステージ構成に仕立てました。

無理のない範囲で「ひとつの技術だけ」を学ぶレッスンと、習得した技術を試すチャレンジ。
これらがセットで1ステージです。

4つのステージ（24レッスン 13チャレンジ）で
CGアニメーションを作るための基礎技術を網羅します。
さらに面白い表現が可能になるテクニックを3つの「ボーナスステージ」で紹介、
そして、アニメーションの枠を超えてモデリングの基礎やレンダーエンジンの特徴について学ぶ
2つの「エクストラステージ」を用意しました。
ぜひ最後までクリアを目指してください！

各ステージをクリアしたなら、画像や動画を添えてSNSで報告しましょう。
何日で1ステージをクリアする目標を作るのも良いですし、
アレンジして他の人とは違う自分だけの作品に仕上げるのも素敵です。

Blender 2.8には、新しいレンダーエンジン「Eevee」が搭載されました。
これはとても高速なレンダリングが特徴で、
今までひと晩かかっていたアニメーションレンダリングを数分に縮めてしまうものです。
早速この最新技術を活用して、ショートムービーを作ったり、アニメーションするスタンプを作ったり、
見てくれた人に喜んでもらえるようなアニメーション作りを一緒に楽しんでいきましょう！

2019年8月　大澤龍一

CONTENTS

はじめに 2

LESSONファイルの使い方 8

SET UP
画面操作を確認しよう

1 Blenderのインストール

インストールして起動する 10

日本語UIに変更する 12

2 Blenderの基本操作

画面表示 14

STAGE 1
ペアレントのアニメーション

STAGE 1-1
移動／回転／縮小

LESSON-1
移動ツールを使って花を完成させる 30

LESSON-2
回転ツールを使って花を完成させる 36

LESSON-3
拡大縮小ツールを使って花を完成させる 41

COLUMN
移動／回転／拡大縮小の、
ちょっと詳しい使い方 46

★CHALLENGE
雪だるまを組み立てる 51

STAGE 1-2
キーフレームアニメーション

LESSON-4
ドアを開閉するアニメーション 53

★CHALLENGE
扉を開く 58

STAGE 1-3
ペアレント

LESSON-5
卓上ライトのペアレント 60

ステージを
クリアするほど
できることが
増えていくよ！

LESSON-6
箱くまのペアレント ……………… 65

★**CHALLENGE**
箱うしのペアレント ……………… 69

STAGE 1-4
原点の設定

LESSON-7
箱くまの原点を設定する ……………… 71

★**CHALLENGE**
箱うしの原点移動 ……………… 81

STAGE 1-5
ペアレントを用いた歩行アニメーション

LESSON-8
箱くまの歩行アニメーションを作る ……………… 83

★**CHALLENGE**
箱うしの歩行アニメーションを作る ……………… 87

STAGE 2
タイムラインとグラフ

STAGE 2-1
タイムラインでキーフレームの複製・編集

LESSON-9
タイムラインで箱くまドライビング ……………… 90

★**CHALLENGE**
タイムラインで箱うしドライビング ……………… 98

STAGE 2-2
タイムラインでアニメーション付き
オブジェクトの複製

LESSON-10
タイムラインで箱くまもぐらたたき ……………… 100

★**CHALLENGE**
タイムラインで箱うしウェーブ ……………… 105

STAGE 2-3
グラフエディターで
動きにメリハリをつける

LESSON-11
グラフエディターでアヒルジャンプ！ ……………… 107

★**CHALLENGE**
グラフエディターでアヒルジャンプ！完全版 ……………… 113

CONTENTS

STAGE 3
ボーンとウェイト

STAGE 3-1
ボーンでオブジェクトを曲げる

LESSON-12
ボーンの基本操作 ……………………… 116

LESSON-13
ウェイトペイントで修正する ……………… 124

LESSON-14
人型キャラクターにボーンを入れる ……… 132

★CHALLENGE
キャラクターのボーン設定 ………………… 154

STAGE 3-2
IKですべらない足を作る

LESSON-15
キャラクターのボーンにIK設定を行う …… 156

★CHALLENGE
キャラクターのIK設定 …………………… 166

STAGE 3-3
ボーンとIKのアニメーション

LESSON-16
IKを使用した歩行アニメーションを作る … 168

★CHALLENGE
IKアニメーション ………………………… 176

BONUS STAGE
おもしろいテクニック

STAGE 1
Bボーンでやわらかく曲げる ……………… 178

STAGE 2
ストレッチで伸縮させる …………………… 184

STAGE 3
シェイプキーで表情を動かす ……………… 188

STAGE 4
パーティクルと物理演算

STAGE 4-1
パーティクル

LESSON-17
パーティクルを発生させる ……………… 198

LESSON-18
フォースフィールドとコリジョン ………… 205

★ CHALLENGE
パーティクルアニメーションの応用 ……… 212

STAGE 4-2
物理演算

LESSON-19
物理演算「リジッドボディ」……………… 215

LESSON-20
物理演算「クロス」………………………… 223

LESSON-21
物理演算「ソフトボディ」………………… 229

LESSON-22
物理演算「煙」……………………………… 233

■ COLUMN
「適応ドメイン」の使い方 ………………… 239

LESSON-23
物理演算「流体」…………………………… 240

LESSON-24
物理演算「ダイナミックペイント」……… 247

★ CHALLENGE
物理演算アニメーション ………………… 250

EXTRA STAGE

1 モデリングしてみよう

Blender2.8でのモデリング ……………… 252

■ COLUMN
下絵について ……………………………… 268

2 レンダーエンジンの種類と設定を覚えよう

Cycles ……………………………………… 269

Eevee ……………………………………… 279

Workbench ………………………………… 290

INDEX ……………………………………… 299

LESSONファイルの使い方

本書で使用しているLESSONファイルは、小社Webサイトの本書専用ページより
ダウンロードできます。ダウンロードの際は、記載のIDとパスワードを入力してください。
また、提供するファイルは本書の学習以外の用途での利用を禁止します。

ダウンロード手順

1 Webブラウザを起動し、下記の本書Webサイトにアクセスします。
［本書のサポートページ］ボタンをクリックしてください。

https://gihyo.jp/book/2019/978-4-297-10863-2

2 LESSONファイルのダウンロード用ページが表示されます。
下記IDとパスワードを入力して［ダウンロード］ボタンをクリックしてください。

ID：blender28　　パスワード：t9j5ph3v

3 ブラウザによって確認ダイアログが表示されるので、［保存］をクリックします。
ダウンロードが開始されます。保存されたZIPファイルを右クリックして［すべて展開］を
実行すると、展開されて元のフォルダになります。

ダウンロードの注意点

- ファイル容量が大きいため、ダウンロードには時間がかかります。
  ブラウザが止まったように見えてもしばらくお待ちください。
- インターネットの通信状況によって、うまくダウンロードができないことがあります。
  その場合、しばらく時間をおいてからお試しください。

フォルダ構成 (Blender_anime)

ダウンロードしたファイルを解凍すると、以下のような構成になっています。

- ダウンロードしたZIPファイルを展開すると、章（STAGE）ごとのフォルダが現れます。
- 本書内LESSONの最初に、利用するフォルダとファイル名が記載されています。
- 内容によっては、LESSONファイルがないところもあります。

SET UP

画面操作を確認しよう

SET UP 1 | Blenderのインストール

ここでは、Blenderのダウンロードから、画面の見方や基本的な操作方法まで一緒に操作しながら把握していきます。さまざまなOSに対応していますが、快適に使うには3DCGやゲームに向けた、比較的性能の高いパソコンが必要になります。

インストールして起動する

最初にBlenderをダウンロードして、起動するまでの手順を覚えましょう。Blenderは無料で使用することができます。インターネットに繋がっていれば、いつでもダウンロード可能です。

01 » ダウンロードする

1 Webブラウザを起動し、Blenderサイト（https://www.blender.org/）にアクセスします。『Blender』と検索して見つけることもできます。
上部メニューの[Download]か、中央右寄りの[Download Blender]ボタンのいずれかをクリックします。

POINT
動作するパソコンの性能や環境については、Blenderのサイト（https://www.blender.org/download/requirements/）でMinimumまたはRecommendedに記されるスペック以上であることを確認してください。

2 [Download Blender]ボタンをクリックして待機すると、使用しているOSに適したインストーラーのダウンロードが開始されます。
自動的に使用しているパソコンのOSに合わせたものが選択されますが、もし使用しているOSと異なるものがダウンロードされるようであれば、ボタンのすぐ下にある、macOS,Linux,and other versions をクリックして、適したものを選択します。

自動ダウンロード　　OSを選んでダウンロード

3 Windows版にはInstallerと.zipがあります。「Installer」は一般的なアプリ同様にインストールして使うタイプ、「.zip」は圧縮ファイルを展開してすぐに使うことのできるタイプで、USBメモリなどからも起動することができます。

最下部にSteamとありますが、PCソフトのダウンロード販売プラットフォームであるSteamを利用している方は、Steamのストアページから無料でダウンロードすることができます。Steamでダウンロードした場合はバージョンアップの更新が自動で行われます。

02 ≫ インストールする

01でWindowsのインストーラーでダウンロードした場合は、ダウンロードした.msiファイルをダブルクリックして、インストーラーの案内に従いインストールします。

Windowsのzipでダウンロードした場合は、ファイルが圧縮されているので、展開します。展開されたフォルダはどこに置いてもかまいませんが、中のファイルを移動させると起動できなくなりますので注意してください。

macの場合は、ダウンロードした.dmgファイルを開き、Blenderアイコンをアプリケーションアイコンへとドラッグ&ドロップします。

03 >>> 起動する

インストールされたBlenderは、デスクトップのショートカットアイコンから開くか、Windowsキーを押してアプリの一覧からBlenderを見つけて起動します。macの場合は、「アプリケーション」からBlenderを起動します。

POINT
zipをダウンロードした場合は、展開されたフォルダから、blender.exeをダブルクリックして開きます。blender.exeを見つけにくい場合、ファイルそのものは移動せずに、blender.exeを右クリック - 送る - デスクトップ（ショートカットを作成）とするか、タスクバーにドラッグドロップするなどして、ショートカットを作りましょう。

日本語UIに変更する

Blenderをインストールした状態の初期設定では、すべて英語のユーザーインターフェース（以降UI）になっています。これを日本語UIに切り替えて、馴染みやすくしましょう。

01 >>> Preferenceを開く

[Edit] - [Preference] を開きます。

02 ≫ 日本語化する

1 ウィンドウ左側の、[Interface]をクリックし、ウィンドウ右側の[Translation]にチェックを入れます。

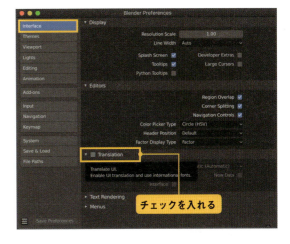

2 [Tooltips]、[Interface]の各ボタンをクリックして日本語化します。Tooltips(ツールチップ)は、マウスを重ねておくと表示される説明文の翻訳です。

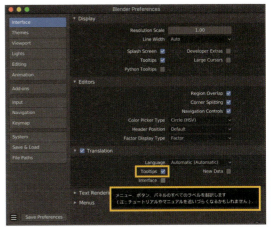

3
❶ もし自動で日本語が選択されなければ、「Language」の[Automatic(Automatic)]を[日本語(Japanese)]に切り替えます。

❷ 画面左下の[プリファレンスを保存]ボタンをクリックして、設定を保存します。

❸ ウィンドウを閉じます。

SET UP 2 | Blenderの基本操作

最新の2.8からBlenderはUIの見た目や配置が大きく変更になり、より理解しやすくなりました。しかし、はじめて使う人にとっては多くの機能が表示されているため、複雑に見えるかもしれません。頻繁に使うところから自然に覚えていきましょう。

画面表示

すべてを把握する必要も、名称を覚える必要もなく、こういうときはどこを探せばいいのかな？程度に覚えておけば、必要なときに探すことができます。

❶ 3Dビュー（P.15）
❷ タイムライン（P.91）
❸ アウトライナー（P.24）
❹ プロパティ（P.25）

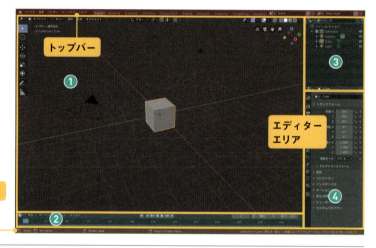

赤色	トップバー	タブから画面レイアウトのプリセットを切り替えることができる。
黄色	ステータスバー	選択中または操作中のツールの操作方法が表示される。
緑色	エディターエリア	自由に組み替えることが可能で、分割したエリアに必要なエディタータイプを選択することで、作業しやすい画面を作れる。初期設定は図の通り。

▶▶▶ ツールバーの表示を切り替える

移動、回転、拡大縮小など、各ツールへのアクセスには、ツールバーを使用します。
表示/非表示のショートカットキーはTキーです。
ツールバーの表示はアイコンになっていますが、ツールの名称を表示させることもできます。
ツールバーの少し右側にマウスカーソルを移動すると、マウスカーソルのアイコンが変化する場所があります。そこから右側へとドラッグすることで、ツールバーの表示を3段階に切り替えます。
コンパクトな表示では3Dビューを広々と使えますし、ツールの名称が表示された状態は初心者が覚えるのに最適です。

ツールバーの表示は3段階

スタートアップファイルを保存する

ツールバーをツール名が表示された状態にして、スタートアップファイルに保存しましょう。
[ファイル]（❶）-[デフォルト]（❷）-[スタートアップファイルを保存]（❸）とすると、起動時や新規ファイルの作成時に、現在のBlenderの状態が復元されるようになります。オブジェクトの配置や3Dビューの向きなどすべてが記録されるので、[ファイル]-[新規]-[全般]の直後に、ツールバーの表示だけを変更した状態で保存するのがよいでしょう。

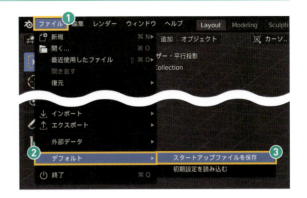

3Dビューの視点操作

ナビゲートを使用する

画面右上のナビゲートを使用して、視点の操作を行うことができます。

❶ 透視／平行投影の切り替え
❷ ユーザービュー／カメラビューの切り替え
❸ 視点の平行移動
❹ 視点のズームイン／ズームアウト

円形に表示されている箇所をドラッグすると、視点が回転します。赤、青、緑の3色、6つ表示された丸い箇所をクリックすると、その方向からの平行投影図に切り替えられます。
緑の玉（Yと書かれていない方）をクリックすることで、フロント・平行投影（正面から見た状態）になることを覚えておきましょう。

いずれかの軸の平行投影に切り替えた状態で、中央の丸い箇所（図ではY）をクリックすると、前後（Y軸）、左右（X軸）、上下（Z軸）がそれぞれ切り替わります。

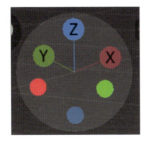
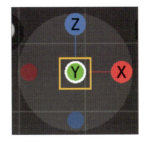

ショートカットキーを使用する

操作に慣れてくると、アイコンボタンをクリックやドラッグすることが煩わしくなります。
マウスとキーボードショートカットを組み合わせて操作する方法はおすすめです。

画面の配置（4分割表示）

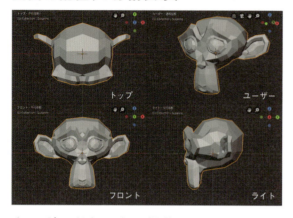

テンキーの配置と操作

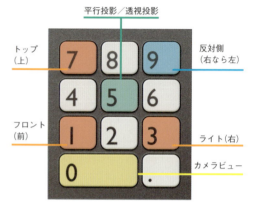

キーボードとマウス操作

テンキー[5]	透視／平行投影の切り替え	テンキーの[1]	正面図
テンキー[0]	ユーザービュー／カメラビューの切り替え	[Ctrl]+テンキーの[1]	背面図
[Shift]キー+マウスの中ボタン（ホイールを押し込む）ドラッグ	視点を平行移動する	テンキーの[3]	右面図
[Ctrl]キー+マウスの中ボタン（ホイールを押し込む）ドラッグ	視点をズームイン、ズームアウトする	[Ctrl]+テンキーの[3]	左面図
マウスの中ボタン（ホイールを押し込む）ドラッグ	視点を回転させる	テンキーの[7]	上面図
テンキーの[9]	前後、左右、上下の切り替え	[Ctrl]+テンキーの[7]	下面図
[Ctrl]+[Alt]+[Q]	4分割表示。もう一度押すと戻る		

≫ カーソル

カーソルは、3Dカーソルとも呼ばれ、Blenderを起動したときに原点に表示されている、赤と白のリング状のカーソルを指します。カーソルの役割は、新しく追加するオブジェクトが配置される場所の指定であったり、ピボットポイント（回転や拡大縮小操作の中心点）として使われます。
普段は意識しなくても良い存在ですが、原点からずれてしまった場合は、[Shift]+[C]キーを押すことで原点に戻すようにしましょう。

最後の操作を調整する

移動などの操作を行った直後だけ、3Dビュー左下のパネルから、操作の数値調整や設定変更を行うことができます。
[編集]-[最後の操作を調整] または F9 キーで、同じものをマウスカーソルのそばに呼び出すことができます。

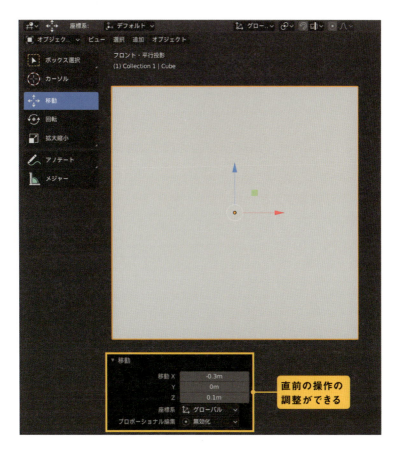

直前の操作の調整ができる

モードの切り替え

1. オブジェクトを選択した状態で、3Dビューのヘッダーから[オブジェクトモード]ボタンをクリックし、[編集モード]に切り替えることでモデリングを行う状態に移行できます。
頻繁に使用するため、Tab キーを使ってオブジェクトモード⇄編集モードを切り換えることもできます。他にもオブジェクトに対して編集可能な要素として、[スカルプトモード][頂点ペイント][ウェイトペイント][テクスチャペイント]が表示されています。

2 編集モードでは点、辺、面いずれかの単位で選択し、編集することでモデリングを行います。ツールバーの内容も編集モードで使えるものに切り替わります。編集が済んだら、忘れずにオブジェクトモードへ戻ります。

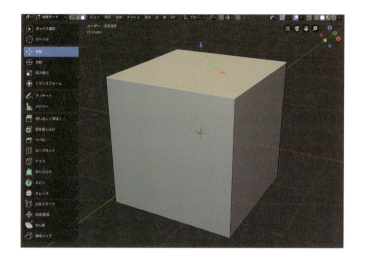

3 編集モードでは、図のアイコンで、点選択、辺選択、面選択に切り替えます。頻繁に使用するので、ショートカットキーの[1][2][3]キーで切り替えることもできます。

点選択　辺選択　面選択

POINT

ライトやカメラを選択した状態ではオブジェクトモードしか表示されません。また、関節を設定するためのアーマチュアを選択した状態では、ボーンを編集するための編集モードと、ポーズやアニメーションを設定するためのポーズモードへと切り替えることができます。
オブジェクトモードは、オブジェクトの配置や移動、回転、拡大縮小などのアニメーションを設定するために使います。

---

4 編集モードで右クリックすると、現在の選択対象に合わせて、頂点、辺、面それぞれの[コンテクストメニュー]が表示されます。本書では、ポリゴンを細かく分割する手段として[細分化]を使用する場面があります。

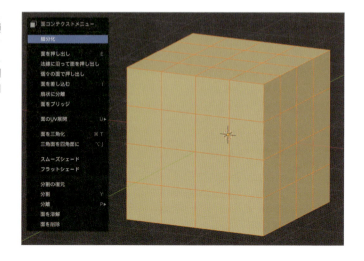

ウィンドウを調整する

ウィンドウの分割、結合、広さの変更を行う

1 3Dビューの上や右の分割線にマウスカーソルを重ね、カーソルアイコンが変化したところで右クリックし、「エリア分割」を行います。
マウスを移動すると、分割の中心線がプレビューされるので、希望する位置で左クリックします。

2 3Dビューのヘッダーから、[ビュー] - [エリア] - [横に分割]か[縦に分割]を選択することでも、同様の画面分割が可能です。

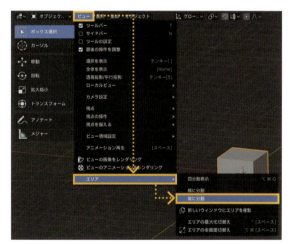

3 分割したエリアは、分割線をドラッグすることで(①)、広さを変更できます(②)。

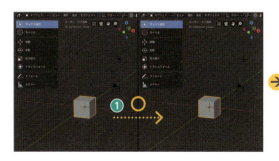 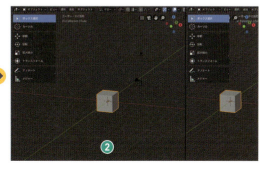

4 分割した3Dビューを1つに戻したいときは、なくしたい分割線にマウスカーソルを合わせて右クリックし、エリア統合を選択します。次に、どちらの画面を残すかを選択するため、マウスカーソルを3Dビュー内に移動します。図のように矢印が表示されるので、なくしたいエリア（図では左）に矢印がある状態で左クリックします。

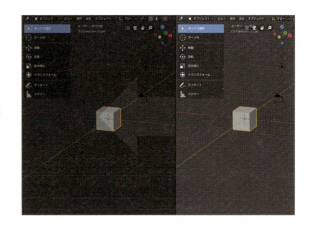

5 ビューの四隅、角丸になっている箇所からビュー内へドラッグして、上下、あるいは左右に画面分割を行うことができます。
また、結合したいビューのある方向へドラッグして結合します。これはBlender2.7同様の操作です。

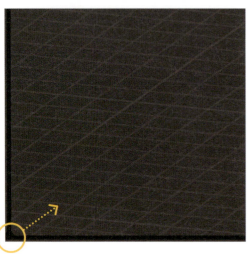
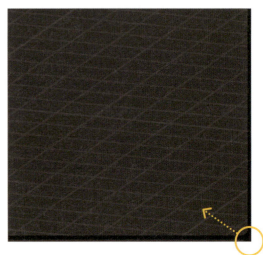

ワークスペースを切り替える

ワークスペースは、3DCGの各工程に適した画面レイアウトのプリセットです。トップバー内の各タブをクリックすることで、ワークスペースを選択することができます。
図は[Animation]タブを選択した状態で、初期設定の[Layout]とは画面の分割や、表示されているエディタータイプが異なります。作業に合わせて使いやすいワークスペースを選択します。
また、ワークスペースの切り替えを行わず、画面を自由に分割したり、エディタータイプやモードを変更することで、いま行っている作業がやりやすいように自分でレイアウトできます。

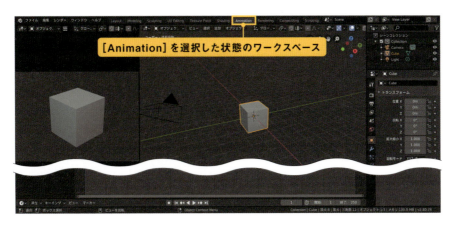

3Dビューのシェーディング

シェーディングは3Dビューをどのように表示するかを切り替えるものです。

1 Zキーを押すと、
① ワイヤーフレーム
② レンダー
③ ルック開発
④ ソリッド

の4種類のシェーディングが選択できます。

2 ショートカットキーを使わず、3Dビューのヘッダーから切り替えることもできます。アイコンは左から、ワイヤーフレーム、ソリッド、ルック開発、レンダーの順です。

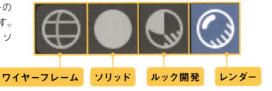

サイドバーを表示する

3Dビュー上でNキーを押すと、右側にサイドバーが表示/非表示されます。サイドバーは、3つのタブ（アイテム、ツール、ビュー）を切り替えて使います。もう一度Nキーを押すと閉じるので、必要な場合に開くのがいいでしょう。

［アイテム］タブ

［アイテム］タブでは、選択されているオブジェクトの位置、回転、拡大縮小の値や、寸法を確認、編集することができます。編集モードに切り替えると、選択された点辺面の情報を確認、編集することができます。

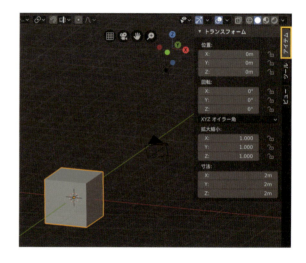

［ツール］タブ

［ツール］タブでは、現在選択されているツールの設定が表示されます。図では［ボックス選択］ツールのモードが表示されており、ドラッグした時の動作が新規選択なのか、追加選択なのか、選択から除外するのか、といった設定の変更ができます。

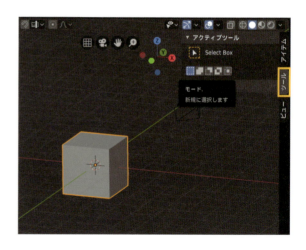

[ビュー] タブ

1

① [ビュー] タブでは、視点の設定と3Dカーソルの設定を行うことができます。

② [▼ビュー] - [焦点距離] の値を変更し、3Dビューの画角が変わるのを確認してください。モデリングのときには目で見た印象に近づけるため、100mm前後に設定するのがおすすめです。

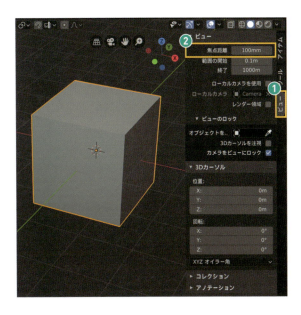

2

視点をカメラビューにした状態で [カメラをビューにロック] にチェックを入れると (①)、レンダリング範囲を示す点線が赤くなり、ユーザービュー同様の操作でカメラアングルを変更することができます (②)。カメラビューの焦点距離を変更するには、カメラを選択して [オブジェクトデータ] タブから設定する必要があるため、ビューの焦点距離はグレーアウト (※) しています。
※メニューやチェックボックスのボタンなどが薄いグレーで表示されて選択できない状態のこと。

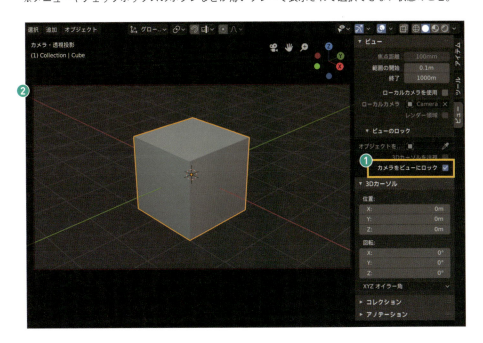

アウトライナーの役割

1

① アウトライナーでは、シーンの中にあるものを名前で一覧することができます。

② ここで名前をクリックすると、3Dビュー上でも選択されるため、シーンが複雑になってきたときや、画面の外にあるものを選択したいときに便利です。名前はダブルクリックして編集できます。

③ ◉のアイコンをクリックして表示/非表示を切り替えられます。

④ 「Collection」は表示/非表示を一括で操作することができるグループです。キャラクターだけ非表示にしたい、背景だけ非表示にしたい、といった場合には、右上のコレクションアイコン🗐をクリックして新しい「Collection」を作成し、マウスドラッグで振り分けるといいでしょう。ドラッグ中、Shiftキーを押している間はペアレント操作（STAGE1-3参照）を行うことができます。

⑤ より詳細な設定は、アウトライナー右上の▽のアイコンから行います。

2

① 3Dビューでコレクションに移動したいオブジェクトを選択して、Mキーを押すと「コレクションに移動」メニューが開きます。ここで既存のコレクション名を選ぶと、そのコレクションへ移動することができます。

② また、「New Collection」を選択すると、新しいコレクションを作成して、そこへ移動することができます。

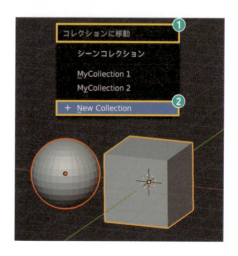

プロパティの役割

プロパティでは、たくさんの設定項目を扱います。左側のタブを切り替えることでさまざまな設定を開くことができ、何を選択しているのかによっても表示されるタブが変わります。

各タブの名前は、マウスカーソルを重ねることでツールチップに表示されます。

タブの間には3箇所スキマがあり、4つのグループに分かれています。上から、「選択しているツールについての設定」、「シーンに対する設定」、「オブジェクトに対する設定」、「ブラシのテクスチャとマスクの設定」です。レンダリングの設定や背景色、カメラの設定、色質感を設定するマテリアル、物理演算など、ほとんどの設定をここで行うため、頻繁に操作することになります。実際に学習を進めながら必要な操作を学んでいきましょう。

ファイルの作成と保存

「新規」、「開く」、「保存する」

1. トップバーの[ファイル]から、新しいシーンを作るには[新規] - [全般]、以前保存したファイルを開くには[開く]、もしくは[最近使用したファイル]、作ったシーンを保存するには[保存]、もしくは[名前をつけて保存...]を選択します。

2. Blenderがエラーで終了してしまった場合は、[ファイル] - [復元] - [自動保存...]で自動保存されたファイルを開きます。

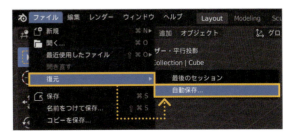

3 [名前をつけて保存する]ときや、ファイルを[開く]ときには、Blender独自のファイルブラウザが開きます。

ファイルの保存先へは、システムやシステムブックマークから辿るといいでしょう。

Blender作業の専用フォルダを作った場合は、ブックマークに追加すると素早くフォルダへ辿り着けます。

ファイル名の末尾に「_01」など数字をつけておくと、右側の ➕ ボタンで02、03…と数字のカウントアップができるので、別名保存が簡単になります。

拡張子「.blend」は保存ボタンを押すか、Enterキーを押したときに自動で追加されます。

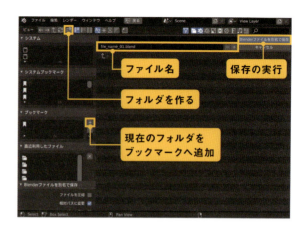

また、上書き保存を行うと、以前のファイルが拡張子「.blend1」で保存されます。これはバックアップファイルで、間違って上書き保存した場合や、最新のファイルに不具合が起こったときには、この拡張子を「.blend」に書き換えて使用します。

≫ レンダリングの設定

静止画のレンダリング

レンダリングは、3Dビューのカメラ視点を撮影し、画像に仕上げて保存する工程です。シェーディングのレンダー表示を、よりきれいに仕上げた画像になります。レンダリングには1枚あたり数秒から数分の時間がかかります。

1 ❶ レンダリングをはじめる前に、プロパティの[出力]タブの[▼寸法] - [解像度X(横幅)」「Y(高さ)」と「%(指定サイズの何パーセントか)」を確認しておきます。

❷ また、右上の ≡ をクリックすると、いくつかのプリセットから選択できます。

2 静止画のレンダリングは、トップバーの[レンダー] - [画像をレンダリング(またはF12キー)]でレンダリングを行い、完成した画像を保存します。

3 レンダリング後に表示される画像エディターのヘッダーから、[画像] - [名前をつけて保存…] で画像を保存できます。また、前回のレンダリングと比較したい場合には、レンダリング前に「Slot 1」を「Slot 2」に切り替える (キーボードの数字キーがショートカットキーになっています) ことで、前回のレンダリング画像と今回のレンダリング画像を別のSlotに表示することができます。レンダリング画像は、別の.blendファイルを開いたり、Blenderを終了すると消えてしまうので、残しておきたいレンダリング画像は必ず保存しましょう。

アニメーションのレンダリング

アニメーションのレンダリングでは1秒あたり24枚 (初期設定) の画像をレンダリングします。アニメーションをレンダリングする場合は、保存先と保存形式を先に指定しておく必要があります。

1 保存先は、プロパティの[出力]タブ、[▼出力]の🗁をクリックして指定します。

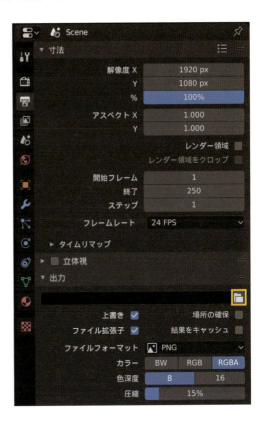

2 ファイル形式は[▼出力]の「ファイルフォーマット」から選択します。

> **POINT**
> 映像編集の素材として連番画像を出力するなら、フォルダを作ってまとめるのがおすすめです。動画形式で出力する場合は、レンダリングを途中で止めると最初からやり直しになってしまう点に注意してください。

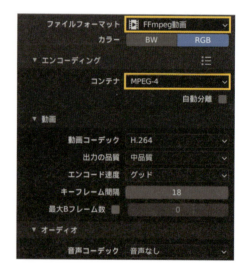

3 どれを選んでいいかわからない場合は、「FFmpeg動画」を、エンコーディングのコンテナには「MPEG-4」を選択すると良いでしょう。

4 [レンダー]-[アニメーションのレンダリング（または[Ctrl]+[F12]キー）]でレンダリングを開始し、すべてのフレームのレンダリングが終了するまで待ちます。レンダリングが完了したら、保存先のフォルダを開いて、正常に保存されているか確認します。

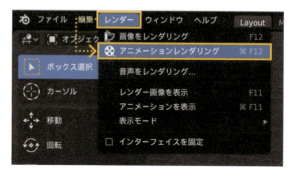

STAGE 1

ペアレントの
アニメーション

STAGE 1-1 ｜ 移動／回転／拡大縮小

最も基本となる操作、移動／回転／拡大縮小について学びます。アニメーションの多くが、これらの操作を組み合わせて作られるので、とても大切な基本です。このSTAGEをクリアして、オブジェクトを自由自在に操作できるようになりましょう。

LESSON-1

移動ツールを使って花を完成させる

移動ツールの使い方を学びます。LESSONの最後には応用問題となるステージを用意しました。実際に操作しながら移動ツールの使い方に慣れましょう！

進め方ガイド

『Stage01_Lesson01.blend』を開きます。開いたファイル右側の花をお手本に、左側に散らばった花のパーツを移動ツールで組み立てます。

LESSONファイル

1-1 → Stage01_Lesson01.blend

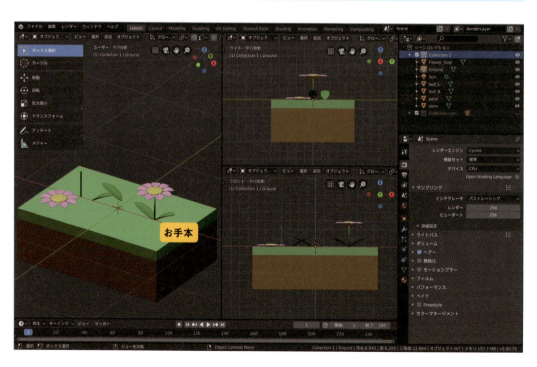

01 >>> 移動ツールを使う

① オブジェクトを移動するには、移動させたいオブジェクトを左クリックで選択して、ツールバーから [移動] ツールを選択します。

② [移動] ツールのギズモ（3色の矢印と四角形）が表示されるので、これを左ドラッグして操作します。ギズモの矢印は1方向（例：X方向）へ、四角形は2方向（例：XZ方向）へ移動できます。

> **POINT**
> ショートカットキーを使う場合は、Gキーを押してからマウスを動かし、左クリックで移動先を確定します。Gキーの後に続けてXYZキーのいずれかを押すと指定の軸方向への移動、Shift＋XYZキーのいずれかを押すと押した軸以外の二方向へ移動になります。
> さらに続けて数字キーを押すと、指定した方向へ指定した分メートル単位で移動します。（例：G→Z→1の順に押すと、移動－Z方向へ－1m、となります）

02 >>> 花を組み立てる

右側のお手本を参考に、左側にある花のパーツを移動ツールを使って組み立てます。
3D空間で思った通りの位置へ移動するには、フロント、ライト、トップのいずれか2方向から確認します。まずはフロントだけを見て花のパーツを移動してみましょう。
図のように、「フロントだけ花が完成して見えるけれど、他のビューから見るとズレている」という状態までを目指します。さまざまな移動方法を試します。一緒にやってみましょう。

フロント・平行投影ビューで位置を整える

1　「右の葉（leaf_R）」を選択します。

2　[移動]ツールを使用して、葉の位置を移動します。
ギズモの赤い矢印を左ドラッグして、茎の位置に合わせます。

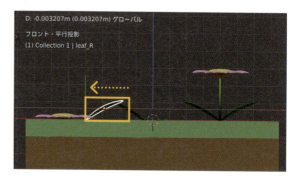

3　「左の葉（leaf_L）」を選択します。うまく選択できない場合は、分割された他の3Dビューで選択してください。

4　移動のショートカットキーを使用してみましょう。
Gキーを押して[移動]ツールにし、続いてXキーを押すことで、移動をX方向（左右方向）に限定します。マウスを動かし、茎の左側へ移動できたら、左クリックで確定します。

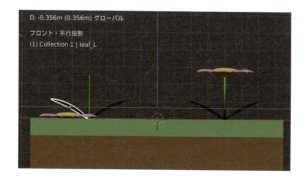

5 「花びら(petal)」を選択します。

6 ショートカットキーを使用して移動してみましょう。
フロント・平行投影ビューにマウスカーソルを乗せて[G]キーを押し、茎の先端へ移動します。[G]キーだけで移動すると、ビューに対して奥行方向へは移動しません。覚えておくと便利なテクニックです。

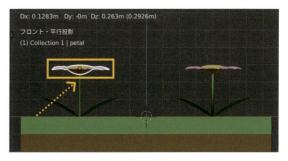

ライト・平行投影ビューで位置を整える

フロントでの位置がすべて揃ったので、次にライトから位置合わせをします。2方向から揃えば正しい配置のできあがりです。

1 フロントでの位置がすべて揃ったので、次にライトから位置合わせをします。2方向から揃えば正しい配置のできあがりです。
ライト・平行投影ビューから、移動する必要のあるパーツを確認します。茎と右の葉は中央に正しく配置されているので、左の葉と花びらを移動して完成させます。「花びら(petal)」を選択します。

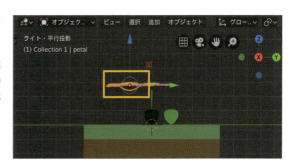

2 ギズモを使用して移動してみましょう。ギズモの緑の矢印を左ドラッグして、お手本の花びらに重なるよう移動します。

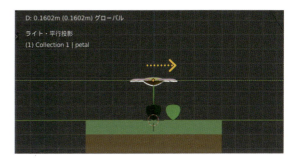

3. 「左の葉（leaf_L）」を選択します。

4. ショートカットキーを使用して移動してみましょう。
Gキーを押して［移動］ツールにし、続けてYキーを押すことで、移動をY方向（前後方向）に限定します。マウスを動かし、お手本に重なる位置へ移動できたら、左クリックで確定します。

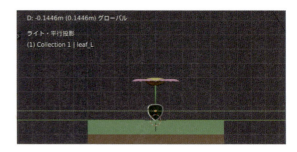

CLEAR ⭐

完成！

おめでとうございます！
ユーザー・平行投影ビューを回転させて、すべてのパーツがお手本と同じような位置に配置されていることを確認しましょう。ギズモを使用した移動と、ショートカットキーを使用した移動は、どちらを使っても結果は同じです。その時々で使いやすいほうを使って作業しましょう。
図は、マウスカーソルを3Dビュー上に乗せてZキーを押し、レンダーを選択した状態です。光に照らされた鮮やかな表示になります。

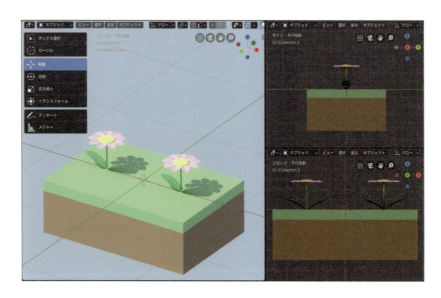

「移動」に使えるショートカット集

● 覚え方
Gキーは Grab (つかんで引っ張るの意)の頭文字Gと考えると覚えやすいです。

● 操作の取り消し
Gキーを押した後に移動を取り消したいときには、右クリックまたはESCキーで元の位置に戻ります。
操作を確定した後に移動を取り消したいときには、Ctrl+Zキーで戻ります。

● 移動方向
Gキーを押すと、ショートカットキーを押したときにマウスカーソルが乗っていたビューに対して平面的に移動します。
上下左右に移動したい場合はフロント(正面図)でGキーを、上下前後に移動したい場合はライト(右面図)でGキーを、前後左右に移動したい場合はトップ(上面図)でGキーを押すようにします。
視点を回転させたユーザービューでは移動方向を正確に把握できないため、通常は以下で説明する移動方向の指示を行います。

● 移動方向の限定
Gキーの後に、Xキー、Yキー、Zキーのいずれかを押すことで、移動方向を限定することができます。
これは、高さだけを変更したい、奥行きだけを変更したい、といった場合に役立ちます。
Gキーの後に、Shift+Xキー、Shift+Yキー、Shift+Zキーのいずれかを押すことで、Shift+Xキーなら X軸方向へは移動しないよう限定することができます。これは、高さは変えたくない、奥行きには移動させたくない、といった場合に役立ちます。

● 繊細な移動
移動中、Shiftキーを押している間は、移動量が小さくなります。細かな調整をするときに便利です。

● 移動距離の数値指定
Gキーを押した後に、続けてXキー→2(数字キー)と入力することで、X方向に2m移動させることができます。
反対方向へ移動したい場合は、Gキー→Xキー→-2(2-でもよい)と入力することで、X方向に-2m移動させることができます。

● 1m刻みの移動
Ctrlキーを押したまま左スナップ
※初期設定が増加(グリッドにスナップする)に設定されており、1m刻みとなる

それぞれの操作をひと通り試してみましょう。3DCGは、平面の絵と違って奥行きのある3D空間なので、どちら側に移動したいのか、XYZの方向を意識するのがポイントです。

LESSON-2

回転ツールを使って花を完成させる

回転ツールの使い方を学びます。LESSONの最後には応用問題となるステージを用意したので、実際に操作しながら回転ツールの使い方に慣れましょう！

進め方ガイド

『Stage01_Lesson02.blend』を開きます。右側の花をお手本に、左側の花のパーツを回転して、同じ姿に仕上げます。

LESSONファイル

1-1 → Stage01_Lesson02.blend

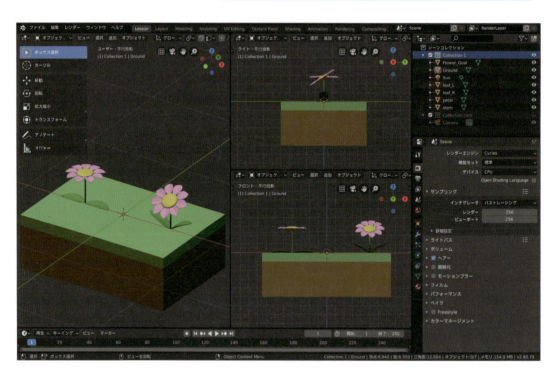

01 ≫ 回転ツールを使う

① 選択したオブジェクトを回転するには、ツールバーから[回転]ツールを選択します。[回転]ツールのギズモが表示されますので、これを左ドラッグして操作します。

② [回転]ツールは、ギズモの赤(X軸を中心に)、緑(Y軸を中心に)、青(Z軸を中心に)、外側の白(ビューの視点を中心に)の各円弧を左ドラッグすることで回転します。または、特定の軸を掴まずにギズモ内の少し明るくなる範囲を左ドラッグすることで、自由な回転を行います。

> **POINT**
> 回転をショートカットキーで行うには、Rキーを押してからマウスを動かし、左クリックで回転を確定します。[移動]ツールのショートカットキーと同様に、XYZの軸選択や数値の組み合わせが可能です(例:R→Z→9→0の順に押すと、回転をZ軸中心に90度という指示になります)。P.40のTIPSを参照してください。

02 ≫ 花を仕上げる

右側のお手本を参考に、左側にある花のパーツを[回転]ツールで仕上げます。
[回転]ツールを思い通りに扱うには、どのビューで操作するかがポイントになります。ここでは、ユーザービューを使用した操作も試してみますので、一緒にやってみましょう。

ユーザー・平行投影ビューで回転を整える

1. 回転軸を指定した操作を練習するため、ユーザービューで回転してみます。「右の葉（leaf_R）」を選択します。

2. 今回は、ギズモを使用して回転してみます。ギズモの緑の円弧を左ドラッグして、お手本と同じような角度に回転します。

3. 「左の葉（leaf_L）」を選択します。うまく選択できないときは、何もないところをクリックして選択解除すると、次の選択がしやすくなります。

4. 今回は、ショートカットキーを使用して回転します。
ユーザー・平行投影ビューにマウスカーソルを乗せ、Rキーを押して回転ツールにし、続けてYキーを押すことで、回転をY軸中心に限定します。マウスを動かし、お手本と同じような角度に回転できたら、左クリックで確定します。

POINT
ギズモ、ショートカットキー、どちらを使うにも、回転軸を指定して操作しましょう。

ライト・平行投影ビューで回転を整える

多くの場合、回転軸を指定するよりも、フロント、ライト、トップの各平行投影ビューで回転するほうが、簡単でかつ正確な作業が行えます。実際に操作して体感してみましょう。

1 「花びら（petal）」を選択します。

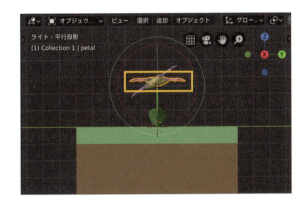

2 ショートカットキーを使用して回転してみましょう。
ライト・平行投影ビューにマウスカーソルを乗せて[R]キーを押します。ショートカットキーでは、軸を指定しないとビューの視点を軸に回転するのを確認してください。お手本と同じ角度に回転できたら左クリックで確定します。斜め向きの視点では、どのくらいの角度になっているか正確に把握するのは難しいですが、真横から見たビューなら正確な角度が一目瞭然です。

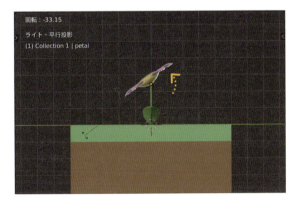

CLEAR ⭐

完成！

おめでとうございます！
ユーザー・平行投影ビューを回転させて、すべてのパーツがお手本と同じような角度に回転していることを確認しましょう。
ギズモを使用した回転と、ショートカットキーを使用した回転は、どちらを使っても結果は同じです。その時々で使いやすいほうを使って作業しましょう。

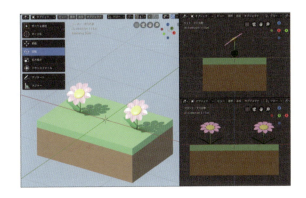

「回転」に使えるショートカット集

● 覚え方
RキーはRotate(回転の意)の頭文字Rと考えると覚えやすいです。

● 操作の取り消し
Rキーを押した後に回転を取り消したいときには、右クリックまたはESCキーで元の角度に戻ります。操作を確定した後に回転を取り消したいときには、Ctrl+Zキーで戻ります。

● 回転方向
Rキーを押すと、ショートカットキーを押したときにマウスカーソルが乗っていたビューから見て、右回り/左回りに回転します。多くの場合、フロント、ライト、トップの平行投影ビューから操作することで、意図した方向への回転を行います。

● 回転方向の限定
Rキーの後に、Xキー、Yキー、Zキーのいずれかを押すことで、回転方向を限定できます。これは、ユーザービューを使用して回転を行うときに使用します。

● 繊細な回転
回転中、Shiftキーを押している間は、回転角度が小さくなります。細かな調整をするときに便利です。
また、[回転]ツールを使用している間、オブジェクトの原点からマウスの位置へ向けて、黒い点線が表示されます。より繊細に回転させたい場合は、原点からマウスカーソルを遠ざけるのがポイントです。あまりに近い位置で操作すると、マウスを少し動かしただけで大きく回転してしまいます。

● 回転角度の数値指定
Rキーを押した後に、続けてXキー→45(数字キー)と入力することで、X軸を中心に45°回転させることができます。
反対方向へ回転したい場合は、Rキー→Xキー→-45(45-でもよい)と入力することで、X軸を中心に-45°回転させることができます。

● 自由な回転
Rキーを押した後に、続けてRキーを押すことで、自由な回転を行うことができます。回転に規則性を出したくないときや、ライトの向きを回転するときに便利です。

● 5度刻みの回転
Rキーを押した後に、Ctrlキーを押したまま左ドラッグ

LESSON-3

拡大縮小ツールを使って花を完成させる

拡大縮小ツールの使い方を学びます。LESSONの最後には応用問題となるステージを用意したので、実際に操作しながら拡大縮小ツールの使い方に慣れましょう！

進め方ガイド

『Stage01_Lesson03.blend』を開きます。右側のお手本を参考に、左側の花のパーツを拡大縮小して、同じ姿に仕上げます。

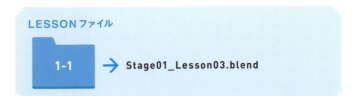

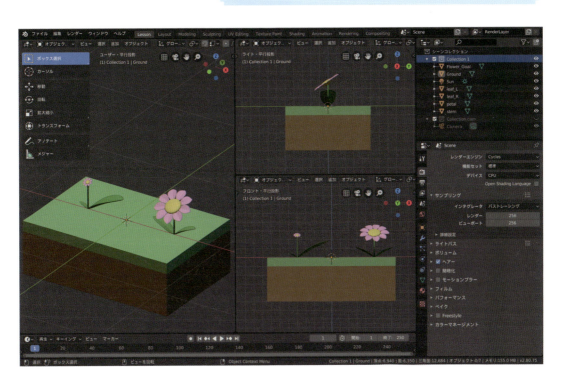

01 》》 拡大縮小ツールを使う

① 選択したオブジェクトを拡大縮小するには、ツールバーから［拡大縮小］ツールを選択します。拡大縮小ツールのギズモが表示されるので、これを左ドラッグして操作します。

② ギズモの赤（X軸…横方向）、緑（Y軸…奥行方向）、青（Z軸…高さ方向）の各軸を左ドラッグすることで決まった方向へ拡大縮小する他、ギズモのないところで左ドラッグすることで、比率を保った拡大縮小ができます。

> **POINT**
> ショートカットキーで操作する場合は、⑤キーを押してからマウスを動かし、左クリックで拡大縮小を確定します。移動ツールや回転ツールのショートカットキーと同様に、XYZの軸選択や数値の組み合わせが可能です（例：⑤→②→②の順に押すと、拡大をZ軸方向に2倍という指示になります）。また、軸を指定しない場合は比率を保った拡大縮小となります。P.45のTIPSを参照してください。

02 》》 花を仕上げる

右側のお手本を参考に、左側にある花のパーツを［拡大縮小］ツールで仕上げます。
［拡大縮小］ツールは、オブジェクトの大きさの比率を変えてしまうこともできるので、特にギズモを使用した操作には注意が必要です。

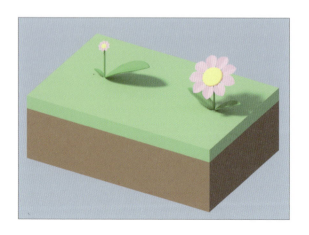

ユーザー・平行投影ビューで大きさを整える

1 「花びら(petal)」を選択します。

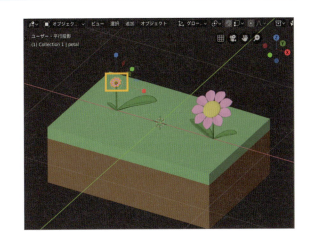

2 今回は、ショートカットキーを使用して拡大縮小してみます。
ユーザー・平行投影ビューにマウスカーソルを乗せ、Sキーを押して[拡大縮小]ツールにします。マウスを動かし、お手本と同じような大きさに拡大できたら、左クリックで確定します。

> **POINT**
> このとき、マウスカーソルが花びらに近すぎると、マウスを少し動かしただけで大きく拡大縮小されてしまうので、少し離れたところでSキーを押すのがポイントです。

3 「左の葉(leaf_L)」を選択します。

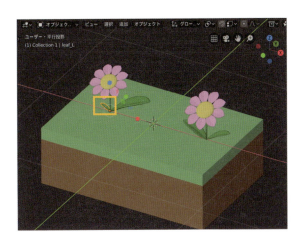

4 今回は、ギズモを使用して拡大縮小してみます。ギズモのないところから左ドラッグして、お手本と同じような大きさに拡大します。

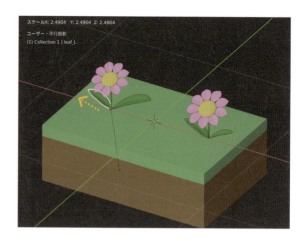

POINT
このとき、間違えて、ギズモの赤、緑、青の箱をドラッグすると、大きさの比率が変わってしまいます。その場合はCtrl+Zキーで元に戻して、もう一度やりなおしましょう。

ライト・平行投影ビューで大きさを整える

1 「右の葉 (leaf_R)」を選択します。

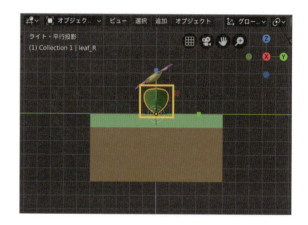

2 ショートカットキーを使用して拡大縮小しましょう。
ライト・平行投影ビューにマウスカーソルを乗せ、Sキーを押して「拡大縮小」ツールにします。マウスを動かし、お手本と同じような大きさに縮小できたら、左クリックで確定します。

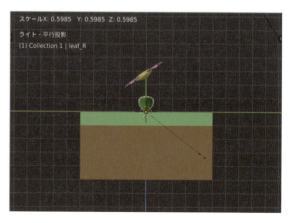

POINT
このとき、マウスカーソルが葉に近すぎると、マウスを少し動かしただけで大きく拡大縮小されてしまうので、カーソルを少し離したところでSキーを押すのがポイントです。

完成！

おめでとうございます！
ユーザー・平行投影ビューを回転させて、すべてのパーツがお手本と同じような大きさに拡大縮小されていることを確認しましょう。ギズモを使用した拡大縮小と、ショートカットキーを使用した拡大縮小は、どちらを使っても結果は同じです。その時々で使いやすいほうを使って作業しましょう。

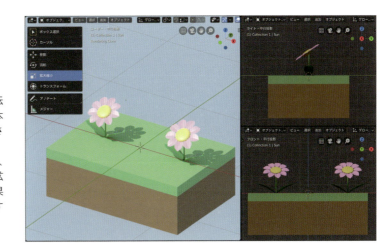

💡 TIPS

「拡大縮小」で使えるショートカット集

Ｓキーは Scale（拡大縮小の意）の頭文字Ｓと考えると覚えやすいです。

● 操作の取り消し
Ｓキーを押した後に拡大縮小を取り消したいときには、右クリックまたは ESC キーで元の大きさに戻ります。
操作を確定した後に拡大縮小を取り消したいときには、 Ctrl + Z キーで戻ります。

● 拡大縮小方向の限定
Ｓキーの後に、Ｘキー、Ｙキー、Ｚキーのいずれかを押すことで、拡大縮小の方向を限定することができます。大きさの比率を変えたいときに使用します。

● 繊細な拡大縮小
拡大縮小中、Shift キーを押している間は、大きさの変化が小さくなります。細かな調整をするときに便利です。
また、拡大縮小ツールを使用している間、オブジェクトの原点からマウスの位置へ向けて、黒い点線が表示されます。より繊細に拡大縮小させたい場合は、原点からマウスカーソルを遠ざけてＳキーを押すのがポイントです。あまりに近い位置でＳキーを押すと、マウスを少し動かしただけで極端な拡大縮小になります。

● 拡大の数値指定
Ｓキーを押した後に、続けて ２ （数字キー）と入力することで、２倍に拡大できます。
縮小したい場合は、Ｓキー→ ０ ． ５ と入力することで、0.5倍に拡大（半分の大きさ）できます。
また、比率を変えたい場合は、Ｓキー→Ｘキー→ ２ と入力することで、Ｘ方向にだけ２倍に拡大できます。

● 0.1倍刻みの拡大縮小
Ｓキーを押した後に、Ctrl キーを押したまま左ドラッグ

移動／回転／拡大縮小の、ちょっと詳しい使い方

移動／回転／拡大縮小の操作を、少し詳しく説明します。
必要になったときに思い出せるよう、実際に操作して体験しておきましょう。

1

Nキーを押すと表示される、サイドバーの最上段、[▼トランスフォーム]の欄に、[位置:]、[回転:]、[拡大縮小:]の値が表示されています。
[位置:]の[X:][Y:][Z:]それぞれが0m、[回転:]の[X:][Y:][Z:]がそれぞれ0°、[拡大縮小:]の[X:][Y:][Z:]がそれぞれ1.000の状態が、そのオブジェクトの本来の姿です。
[拡大縮小:]の1.000は1.0倍の意味で、0.500なら0.5倍、2.000なら2倍に拡大縮小された状態です。

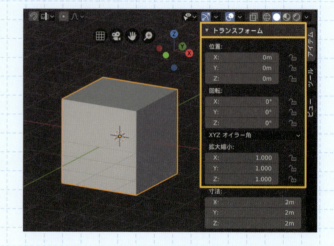

2

オブジェクトモードで[移動:]、[回転:]、[拡大縮小:]の操作を行うと、ここに数値が入ります。
数値を直接入力して移動／回転／拡大縮小を行うこともできます。
アニメーションを作るときには、この数値をフレーム（時間）ごとにキーフレームとして記録することで、キーフレーム間の数値の変化がアニメーションになります。

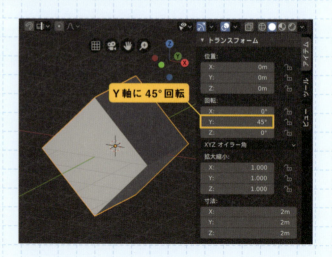

3

[▼トランスフォーム] の値が指している位置は、オブジェクトの見た目の位置ではなく、オブジェクトの原点（黄色い点）の位置であることに注意してください。

図では「立方体（Cube）」がグリッドよりも下にあり、-Z方向へ移動しているように見えますが、原点が中央にあるので、位置は[X:][Y:][Z:]ともに0mです。モデリングに使用される編集モードで移動／回転／拡大縮小を行った場合、原点は移動しないので、このような状態になります。

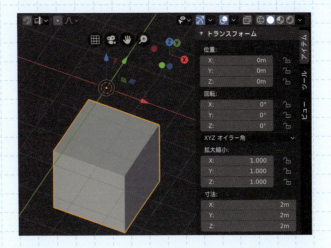

4

オブジェクトモードでの移動／回転／拡大縮小は、ショートカットキーでクリアして本来の姿に戻すことができます。

Alt + G キー	位置のクリア
Alt + R キー	回転のクリア
Alt + S キー	拡大縮小のクリア

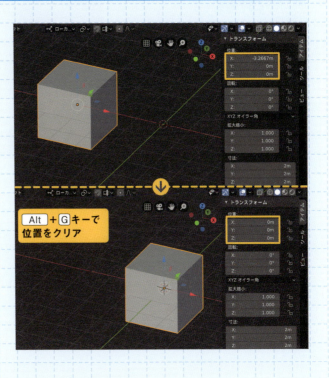

5

たとえば、オブジェクトモードで[拡大縮小:]を「0.500」にした大きさを、本来の大きさとして設定したい場合は、この大きさで[拡大縮小:]の[X:][Y:][Z:]をそれぞれ「1.000」にしている必要があります。
もし、図のように[拡大縮小:]の[X:][Y:][Z:]が「0.500」のままだと、Alt + S キーを押したときに、左の立方体と同じ大きさに戻ってしまいます。

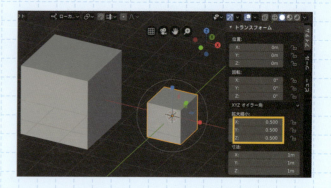

6

① 現在の大きさを本来の大きさにしたいときには、Ctrl + A キーを押し、[適用]メニューから「拡大縮小」を選択します。

② [▼トランスフォーム]の[拡大縮小:]の[X:][Y:][Z:]がそれぞれ「1.000」になりました。
モデリング中にオブジェクトモードでの拡大縮小を使用してしまい、[拡大縮小:]の値が「1.000」ではなくなっている例が多く見られますので、アニメーション作業の前に確認するといいでしょう。
[適用]（Ctrl + A キー）は、移動や回転にも使用することができます。

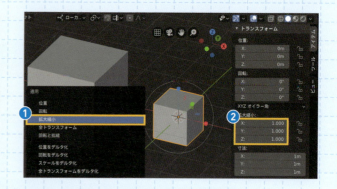

7

次に、トランスフォーム座標系のローカル軸とグローバル軸について説明します。わかりやすいように、モンキー（Suzanne）を例にします。
図はY方向に45°回転したモンキーです。これをGキー→Zキーで Z方向へ移動しようとしています。この場合、グローバル軸のZ方向へ移動するので、Z軸を指す青い線が垂直に表示されています。

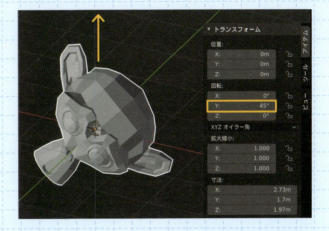

8

ローカル軸ではどのようになるのか見てみます。
Gキー→Zキー→Zキーというように、軸を指定するZキーを2度入力すると、ローカル軸のZ方向へ移動します。Z軸を指す青い線が45°傾き、モンキーの本来の上下方向を指していることに注目してください。
「ローカル軸」は、オブジェクトが個々に持つXYZ軸で、オブジェクトの回転と一緒に回転します。
この操作は、回転や拡大縮小でも同様に扱うことができます。
軸指定のショートカットキーは、押すたびに、グローバル→ローカル→軸指定解除→ローカル→グローバル→軸指定解除…といった順に変更されます。

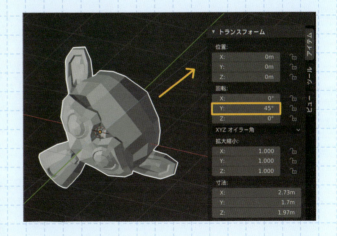

9

ギズモを使用する場合は、図の位置からグローバル、ローカルを指定します。

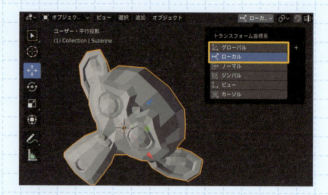

10

次に、[移動:][回転:][拡大縮小:]のロックについて説明します。
プロパティウィンドウの[▼トランスフォーム]の数値の右の🔒アイコン（ロック）をクリックします。これは、移動させたくない、回転させたくない、拡大縮小させたくない軸にロックをかける機能です。図では［位置］のX、Yにロックがかかっているため、ギズモがZ軸しか表示されていません。この状態で[G]キーを押して移動しても、Z軸方向にしか移動しません。

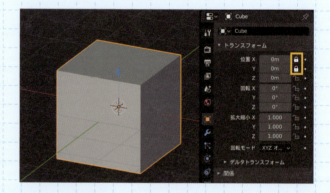

11

図は、[回転]の[X]、[Z]にロックをかけた状態です。
[R]キーを押して回転している最中ですが、回転の中心軸を指定しなくてもY軸中心で回転します。キャラクターであれば肘関節、膝関節など、ひとつの軸でしか回らない部分があり、工業製品の可動部も、移動や回転の軸を限定すると扱いやすくなるものが多いです。
ロックは、操作をしやすくする、誤動作を防ぐ、といった利用法が考えられます。

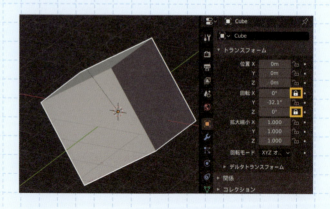

STAGE 1-1　CHALLENGE!

雪だるまを組み立てる

ここまでで学んだ、移動／回転／拡大縮小を使用して、雪だるまのパーツを組み立てよう！
雪だるまの胴体の上に、すべてのパーツを乗せて完成させます。パーツはそれぞれ、角度や大きさを整えて配置する必要があります。右側のお手本を目指し、自分の力で仕上げてください。

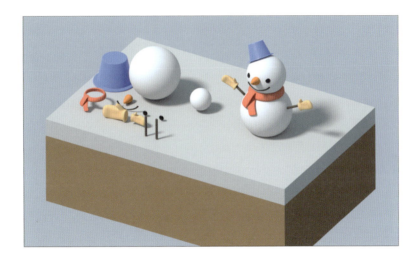

進め方ガイド

『Stage1-1_Challenge.blend』を開きます。右側のお手本を参考に、左側の花のパーツを移動、回転、拡大縮小の各ツールを使って仕上げます。作業手順の紹介はありません。自分の力で完成を目指しましょう。

「雪だるまの胴体（Snowman_Body）」の上に他のパーツを組み立てていきましょう。
画面分割をしていないので、操作しやすいように画面分割して進めてください。また、画面分割をせずにフロント、ライト、トップなどに切り替えて作業すると、画面を広く使うことができます。
画面分割をしない場合は、ユーザービューでオブジェクトを選択し、移動や回転を行う前に、フロントやトップなどに切り替えて操作する手順がおすすめです。

頭を乗せたけれど、大きさが小さいね

3D空間では2方向から見て正しい位置にするよ

Shiftキーを押しながら両目を選択すると、同じ高さに移動できるね

STAGE 1-1 クリア！

おめでとうございます！ 移動/回転/拡大縮小の操作はもうバッチリですね。
アニメーションの基本は、移動/回転/拡大縮小の変化です。これさえマスターすれば、次のステップでアニメーションの学習をスムーズに行うことができます！

≫ 画像をレンダリングしたら、ハッシュタグ#箱うし本でSNSに投稿しよう！

STAGE 1-2 キーフレームアニメーション

アニメーションの基本的な作り方、考え方を学習します。CGアニメーションは、パラパラマンガと同様に複数の絵を連続で再生することで描かれ、Blenderの初期設定では24フレームで1秒のアニメーションとなります。キーフレームアニメーションでは、指定したフレームの数値（位置や回転など）を「キーフレーム」として記録することで、2つのキーフレーム間の数値の変化を自動的に補完してアニメーションが作られます。操作自体はとても簡単なので、さっそくアニメーションを楽しんでいきましょう。

LESSON-4

ドアを開閉するアニメーション

移動を使ったキーフレームアニメーションの作り方を学びます。LESSONの最後には応用問題となるステージを用意しました。実際に操作しながらキーフレームアニメーションの作り方に慣れましょう！

進め方ガイド

『Stage01_Lesson04.blend』を開きます。
「Collection_Study」のドアを、くまのキャラクター（箱くま）の歩行に合わせて、タイミングよく開閉するアニメーションを作ります。
「Collection_Kuma」に歩く箱くまがいるので、必要に応じて非表示にしてください。
「Collection_Reference」にはお手本のアニメーション付きドアがあります。

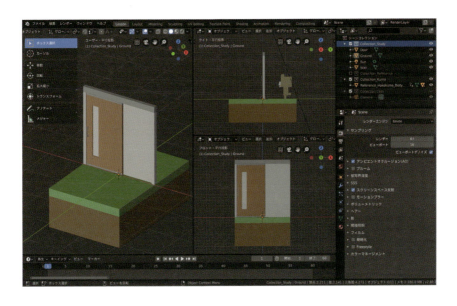

01 >>> タイムラインでフレームを移動する

3Dビューの下に表示されている、タイムラインウィンドウを使用します。タイムラインに表示されている数字はフレーム数です。初期設定では24フレームで1秒が経過します。タイムラインを左クリックして、10フレームに移動します。現在のフレームに「10」と表示されます。現在のフレームに直接入力して10フレームに移動することもできますし、タイムラインをドラッグして合わせることもできます。

タイムラインウィンドウ

> **POINT**
> 開始と終了は、アニメーション全体の時間をフレーム数で設定しています。このシーンは1フレームから60フレームまでのアニメーションです。

02 >>> キーフレームを作る

① Collection_Studyの「ドア（Door）」を左クリックして選択します。

② Ⅰキーを押して［キーフレーム挿入メニュー］を表示し、「位置」を選択します。
ショートカットキーは、Insert Key（キーを挿入するの意）の頭文字Ⅰと考えると覚えやすいです。

タイムラインの10フレームに、キーフレームが作られました。
タイムライン上の◇が目印です。これは、「10フレームのときにはこの位置にいる」という印です。選択されていると黄色く、選択されていないと白く表示されます。

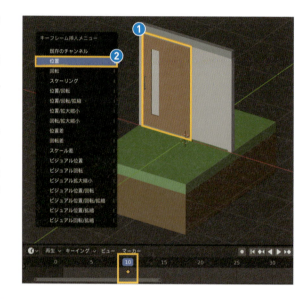

> **TIPS**
>
> ### キーフレームの消し方
>
> 間違った場所にキーフレームを作ってしまったときには、キーフレームを削除したいオブジェクトを選択して、タイムラインで消したいキーフレームを左クリック選択してから、タイムライン上でⅩキーで削除します。
> あるいは消したいフレーム数に移動して、3Dビュー上でAlt＋Ⅰキーを押すことでも削除できます。

03 ドアが開くアニメーションを作る

1
① 次に、20フレームへ移動します。
② [移動] ツールでX方向へ移動して、ドアを開きます。
③ Ⅰキーを押して「キーフレーム挿入メニュー」を表示し、「位置」を選択します。2つのキーフレーム間でアニメーションが作成されました。

タイムラインを左ドラッグして、ドアが開くアニメーションを確認しましょう。

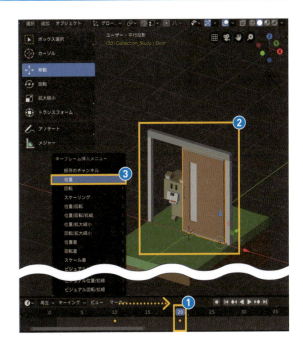

2 アニメーションを再生するには、タイムラインのヘッダーから [再生] ボタン ▶ をクリックするか、ショートカットキーの [スペースバー] で再生/停止することができます。

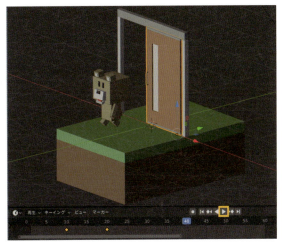

💡 TIPS

タイムラインのショートカットキー

タイムラインでフレームを移動するのに、便利なショートカットキーを紹介します。

▶キー	ひとつ先のフレームへ移動
◀キー	ひとつ前のフレームに移動
▲キー	次のキーフレームへ移動
▼キー	前のキーフレームへ移動
Shift+◀キー	開始フレームへ移動
Shift+▶キー	終了フレームへ移動

04 ドアが閉まるアニメーションを作る

1 箱くまが通過してもドアが開きっぱなしの状態です。十分に前進したらドアが閉まるアニメーションを作ります。40フレームに移動します。

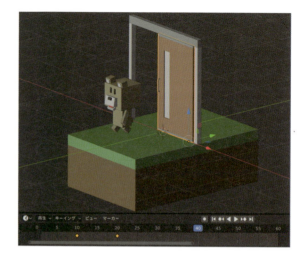

2 キーイングセットを指定します。これを使うと、Ⅰキーを押したときに表示される「キーフレーム挿入メニュー」の操作を省き、どれを選ぶか決めておくことができます。

❶ タイムラインのヘッダーからキーイングをクリックして展開します。

❷ アクティブキーイングセットの空欄をクリックします。

❸ 右図のように候補が表示されるので「Location（位置の意）」を選びます。

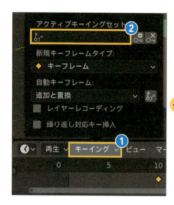 

> **POINT**
> 以降、この設定を変更しない限り、Ⅰキーを押すたびに、位置キーフレームが作られます（キーフレーム挿入メニューは表示されなくなります）。そのまま3Dビュー上でⅠキーを押して40フレームにキーフレームを作り、タイムラインにキーフレームが追加されたことを確認します。これで20フレームから40フレームまではドアが開いたままという指示ができました。キーフレームとキーフレームが帯状に繋がって表示されるときは、その間に数値が変化していないことを示します。つまり「止まっているよ」という合図です。

3. 50フレームに移動します。[移動]ツールでX方向へ移動して、ドアを閉めます。[I]キーを押してキーフレームを作ります。

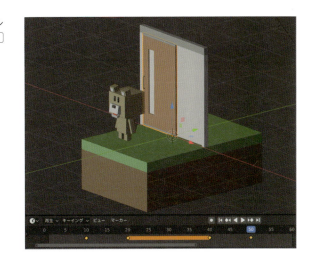

完成！

おめでとうございます！
[スペースキー]でアニメーションを再生してみましょう。箱くまの歩行に合わせて、自動ドアのように開閉するドアのアニメーションができていますね。
複雑そうに見えるアニメーションも、基本的な作り方はこれと同じです。忘れてしまわないように、続けて練習していきましょう。
出力先を指定してアニメーションレンダリングを行い（P.27参照）、仕上がりを確認しましょう。

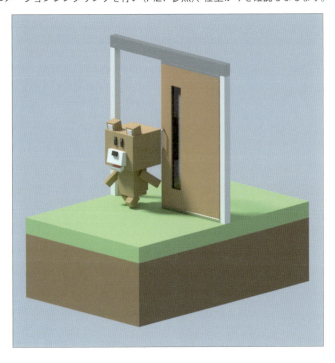

STAGE 1-2 CHALLENGE!

扉を開く

ここまでで学んだ、キーフレームアニメーションを使用して、扉の開くアニメーションを作ろう！
今回は回転ツールを使用して扉を開きます。
「キーフレーム挿入メニュー」からは回転を選択、キーイングセットには「Rotation（回転の意）」を指定することで、「キーフレーム挿入メニュー」から選択する手間を省けます（P.54参照）。

進め方ガイド

『Stage1-2_Challenge.blend』を開きます。

> **LESSON ファイル**
> 1-2 → Stage1-2_Challenge.blend

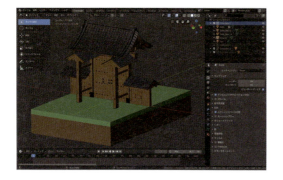

「Collection1」の扉を、箱くまの歩行に合わせて、タイミングよく開閉する回転アニメーションを作ります。
「Collection2」にはお手本のアニメーション付き扉があります。
「Collection3」には歩く箱くまがいます。
作業手順の紹介はありません。自分の力で完成を目指しましょう。

お手本は 10 〜 30 フレームで開いて、50 〜 70 フレームで閉じているね

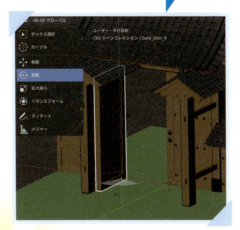

回転するときは左上に何度回転しているかの数値も表示されているよ

閉めるときには、回転をクリアして 0°に戻そう（P.40 参照）

STAGE 1-2 クリア！

おめでとうございます！
キーフレームの作成と、アニメーション作りの基本操作が身に付きましたね。
次のステップでは、シーンの中を歩いていた箱くまのアニメーションを自分で作れるように、ひとつずつ設定方法を学んでいきます。

》》出力先を指定してアニメーションをレンダリングができたら、#箱うし本でSNSに投稿しよう！

STAGE 1-3 ペアレント

複数のパーツを持つオブジェクトを、パーツごとにアニメーションさせるための技術、「ペアレント」を学びます。親子関係とも呼ばれ、「親が動けば子も動く、子が動いても親は動かない」構造になります。頻繁に使われる技術で、キャラクターの関節をきれいに曲げる「ボーン」を理解するためにも必要な基礎知識になります。簡単なところから、ひとつずつ確実に身に付けていきましょう。

LESSON-5

卓上ライトのペアレント

シンプルな構造を使い、ペアレントの仕組みとどのようなときに使えるものなのかを学びます。LESSONの最後には応用問題となるステージを用意したので、実際に操作しながらペアレントの設定に慣れましょう！

進め方ガイド

『Stage01_Lesson05.blend』を開きます。
ペアレントを使って、左側の卓上ライトの関節部を、右側のお手本のように曲げられるようにしていきます。
ペアレントで設定した関節部は、主に[回転]ツールでポーズを付けます。
このレッスンではアニメーションを作りませんが、動かしてみるのも面白いです。

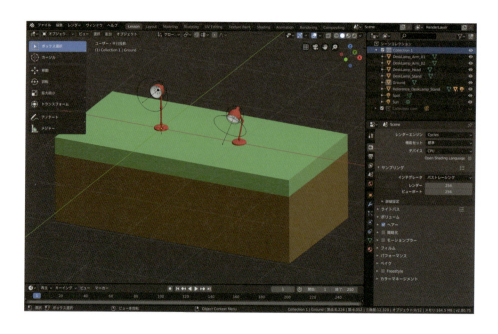

ペアレントを使用しないとどうなるか

ペアレントされていない状態で各パーツを回転させると、図のようにバラバラになってしまいます。
静止画なら手作業で位置を整えるのも大きな手間ではありませんが、アニメーションとなると大変です。
ペアレントを使用することで、とても扱いやすくなりますので、実際に体感してみましょう。

ペアレントの設定

1 卓上ライトは図のようにオブジェクトが分かれています。一番上は光源のランプで、種類はスポットです。
これらを順にペアレントし、親子関係を作ります。

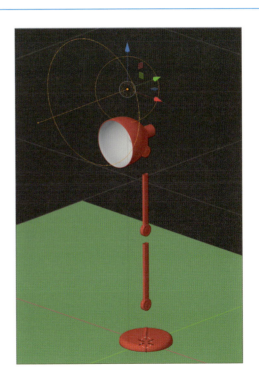

2 ペアレントでは、選択する順番がとても大切です。子＞親の順番に選択するルールを覚えましょう。関節の構造では、先端ほど子になります。
最初に「ライト（Spot）」を選択し、次に Shift キーを押しながら、卓上ライトの「頭（DeskLamp_Head）」を追加選択します。Ctrl + P キーを押します。
［ペアレント対象］を選択するメニューが表示されるので、「オブジェクト」を選択します。ショートカットキーは、「Parent（親の意）」の頭文字Pと考えると覚えやすいです。

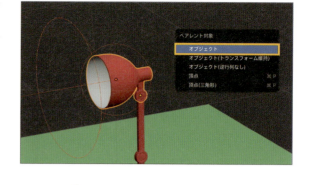

3 ショートカットキーを使わない場合は、ヘッダーの［オブジェクト］から［ペアレント］-「オブジェクト」を選択して、ペアレント対象をオブジェクトにします。

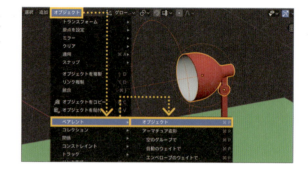

4 親だけを選択して回転してみてください。子がまるで1つのオブジェクトのように回転するのがわかります。
確認が終わったら、次の作業のため、Alt + R キーで回転をクリアしておきましょう。

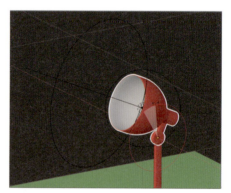

5 次に、卓上ライトの頭と上アームをペアレントします。
卓上ライトの「頭（DeskLamp_Head）」を選択して、次に、「上アーム（DeskLamp_Arm_02）」を追加選択します。Ctrl + P キーを押します。［ペアレント対象］を選択するメニューが表示されるので、「オブジェクト」を選択します。

6. 上アームだけ選択して回転し、動作を確認してください。このように、親の親を作ると、その子階層はすべて一緒に動きます。確認が終わったら、次の作業のため、Alt+Rキーで回転をクリアしておきましょう。

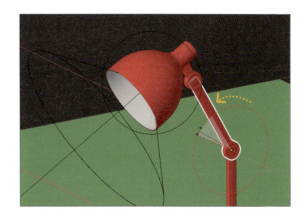

7. 次に、上アームと下アームをペアレントします。
「上アーム（DeskLamp_Arm_02）」を選択した後、「下アーム（DeskLamp_Arm_01）」を追加選択します。Ctrl+Pキーを押します。［ペアレント対称］を選択するメニューが表示されるので、「オブジェクト」を選択します。

8. 下アームだけ選択して回転し、動作を確認してください。
下アームはX軸回転だけではなく、Z軸回転も行えるパーツです。確認が終わったら、次の作業のため、Alt+Rキーで回転をクリアしておきましょう。

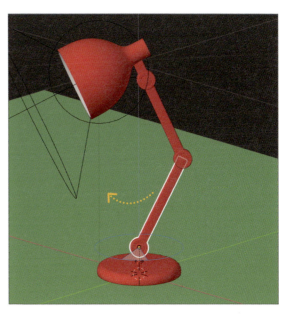

9 最後に、下アームとスタンドをペアレントします。
「下アーム（DeskLamp_Arm_01）」を選択した後、「スタンド（DeskLamp_Stand）」を追加選択します。Ctrl+Pキーを押します。ペアレント対称を選択するメニューが表示されるので、「オブジェクト」を選択します。スタンドは、卓上ライト全体の位置を移動したいときや、設置する向きを変えたいときに、移動や回転すると便利なパーツです。

完成！

おめでとうございます！
ペアレントがうまくいっているか、卓上ライトの姿勢を変えて確認してみましょう。
レンダリングすると、図のように光が描かれます。これは、最初にペアレントしたライトの光と、電球オブジェクトの放射マテリアルが発光しています。

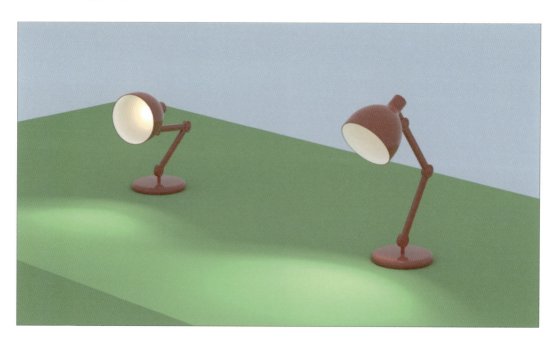

LESSON-6

箱くまのペアレント

キャラクターのペアレントを学びます。ペアレントの操作は同じですが、キャラクターの親子階層を組み立てる基本を理解することが目的です。LESSONの最後には応用問題となるステージを用意したので、実際に操作しながらキャラクターのペアレント設定に慣れましょう！

進め方ガイド

『Stage01_Lesson06.blend』を開きます。

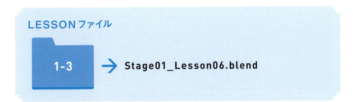

左側の箱くまを、ペアレントを使うことで、右側のお手本のようにポーズが付けやすい構造にします。
ペアレントで設定した関節部は、主に［回転］ツールでポーズを付けます。
このレッスンではアニメーションを作りませんが、動かしてみるのも面白いです。

>>> キャラクターのペアレント設定

最初に、目標となるペアレントの組み方を理解しましょう。キャラクターのペアレントでは、「腰」が1番の親になるように組み立てると扱いやすくなります。この箱くまには胸部と腰のパーツ分けがないので、頭、腕、脚、尻尾を胴体の子にします。
箱くまには腰、腹、胸の境がないかわりに、胴体の原点が低い位置にあり、腰付近を中心に回転するように設定されています。

腰が1番の親になるようにペアレントする

01 >>> 箱くまのペアレント

1 頭と胴体をペアレントします。
「頭（Hakokuma_head）」を選択し、次に「胴体（Hakokuma_Body）」を追加選択します。Ctrl+Pキーを押します。[ペアレント対象]を選択するメニューが表示されるので、「オブジェクト」を選択します。

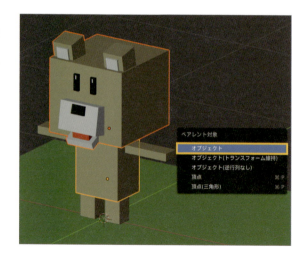

2 左腕と胴体をペアレントします。
「左腕（Hakokuma_arm.L）」を選択し、次に「胴体（Hakokuma_Body）」を追加選択します。Ctrl+Pキーを押します。［ペアレント対象］を選択するメニューが表示されるので、「オブジェクト」を選択します。

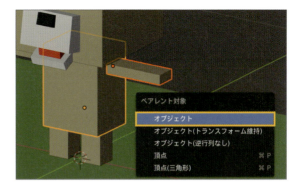

3 右腕と胴体をペアレントします。
「右腕（Hakokuma_arm.R）」を選択し、次に「胴体（Hakokuma_Body）」を追加選択します。Ctrl+Pキーを押します。［ペアレント対象］を選択するメニューが表示されるので、「オブジェクト」を選択します。

4 左脚と胴体をペアレントします。
「左脚（Hakokuma_leg.L）」を選択し、次に「胴体（Hakokuma_Body）」を追加選択します。Ctrl+Pキーを押します。［ペアレント対象］を選択するメニューが表示されるので、「オブジェクト」を選択します。

5 右脚と胴体をペアレントします。
「右脚（Hakokuma_leg.R）」を選択し、次に「胴体（Hakokuma_Body）」を追加選択します。Ctrl+Pキーを押します。［ペアレント対象］を選択するメニューが表示されるので、「オブジェクト」を選択します。

6 尻尾と胴体をペアレントします。
「尻尾（Hakokuma_tail）」を選択し、次に「胴体（Hakokuma_Body）」を追加選択します。Ctrl+Pキーを押します。[ペアレント対象]を選択するメニューが表示されるので、「オブジェクト」を選択します。

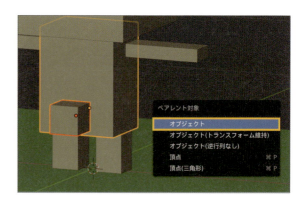

完成！

おめでとうございます！
ペアレントがうまくいっているか、箱くまのポーズを変えて確認してみましょう。
最初に胴体の姿勢を作り、その後に顔の向きや脚の向きなど調整すると、躍動感のあるポーズが作りやすくなります。

STAGE 1-3 CHALLENGE!

箱うしのペアレント

ここまでで学んだ、ペアレントを使用して、箱うしのアニメーションを付けやすくしよう！
オブジェクトの数や構造は、箱くまと同じです。復習になるので、自分の力でできるか試してみます。
もし忘れてしまった操作があれば、ノートにメモしておくと覚えやすいですよ。

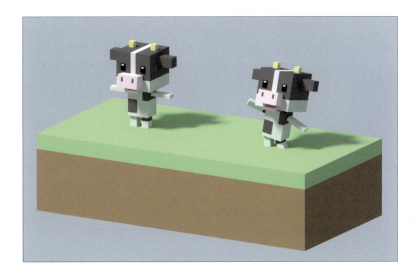

進め方ガイド

『Stage1-3_Challenge.blend』を開きます。

LESSON ファイル
1-3 → Stage1-3_Challenge.blend

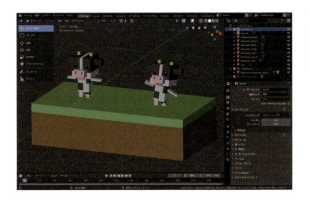

左側の箱うしにペアレント設定を行い、右側のお手本のようにポーズが付けやすい構造を作ります。
作業手順の紹介はありません。自分の力で完成を目指しましょう。

順番はどこから始めても大丈夫だよ

複数選択してペアレントすると、最後に選択したオブジェクトが親になるよ

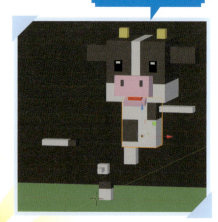

胴体を移動してみると、ペアレントできてないパーツがわかりやすいね

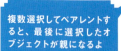

おめでとうございます！
かわいいポーズを付けてレンダリングしてみましょう。
ペアレントの機能と設定方法、キャラクターのペアレント構造までバッチリ理解できましたね。
次のステップでは、各パーツがどこを中心に回転するかを指定するために、原点を設定する方法を学びます。

≫ 画像をレンダリングしたら、ハッシュタグ #箱うし本 でSNSに投稿しよう！

STAGE 1-4 原点の設定

オブジェクトの回転や拡大縮小の中心となる、原点の位置を設定する方法を学びます。アニメーションは、移動/回転/拡大縮小の変化を記録するので、どこを中心に変化するのかは、キャラクターに限らずとても重要な設定です。自分でモデリングしたオブジェクトの原点も、アニメーションに都合のいい位置に設定できるようになりましょう。

LESSON-7

箱くまの原点を設定する

キャラクターのアニメーションに都合のいいように、身体の各パーツごとで原点を設定する方法を学びます。LESSONの最後には応用問題となるステージを用意しているので、実際に操作しながら原点の設定に慣れましょう！

進め方ガイド

『Stage01_Lesson07.blend』を開きます。
左側の箱くまは、ペアレント設定されていますが、原点が各オブジェクトの中心にあります。原点を移動することで、右側のお手本のように、身体の各パーツがアニメーションしやすい状態にします。

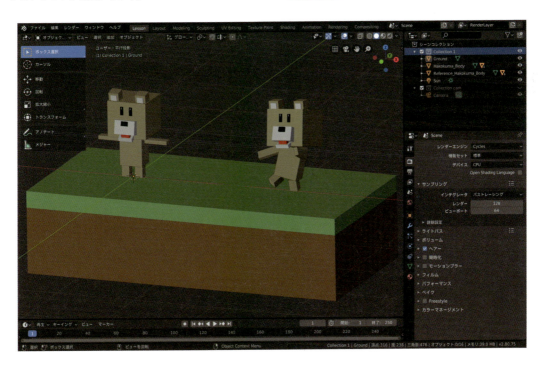

≫ 原点を移動しないとどうなるか

原点がオブジェクトの中心にある状態でポーズをつけようとすると、図のように関節の外れたような動きをしてしまいます。静止画なら手作業で位置を整えるのも大きな手間ではありませんが、アニメーションとなると大変です。
STAGE1-3で扱った、箱くま、箱うしのように、ポーズの付けやすい原点を設定しましょう。

01 ≫ 原点の移動

左腕の原点を移動する

1 左腕の原点を移動します。
「左腕（Hakokuma_arm.L）」を選択します。
3Dビューのヘッダーからオブジェクトモードをクリックし、編集モードに切り替えます。

2 面選択の状態であることを確認します。
3Dビューのヘッダーで、図のボタンが押されていることを確認してください。左から「点」「辺」「面」の順です。もし、「点」や「辺」になっていたら、「面」に切り替えます。

3　腕の付け根の面を選択したいのですが、オブジェクトが重なっていて選択しづらいので、Zキーで「ワイヤーフレーム」表示に切り替えます（①）。腕の付け根の面を左クリックして選択します（②）。
ワイヤーフレームでの面選択のコツは、各面の中央に描かれた点を選択することです。

4　Shift+Sキーを押して、スナップから［カーソル］-［選択物］を選びます。
3Dカーソルが、選択した面の中央に移動してきました。

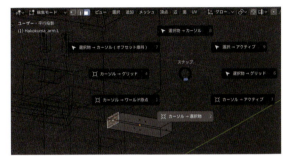

5　Zキーでシェーディングを「ソリッド」に戻します。この先の工程では、必要に応じて切り替えてください。3Dビューのヘッダーで編集モードからオブジェクトモードに戻します。必要に応じて、ソリッド、ワイヤーフレームを切り替えてください。

6　❶ ヘッダーの［オブジェクト］-［原点を設定］-「原点を3Dカーソルへ移動」を選択します。

❷ これで左腕の原点が、腕の付け根に移動しました。
［回転］ツールで、腕のポーズが付けやすくなっていることを確認してください。
手順をおさらいします。
編集モードで、［原点の移動先を選択する］-［3Dカーソルを選択した位置へ移動する］-［原点を3Dカーソルの位置へ移動する］といった手順になります。

これを他のパーツにも行いましょう。

右腕の原点を移動する

1 右腕の原点を移動します。
「右腕（Hakokuma_arm.R）」を選択します。

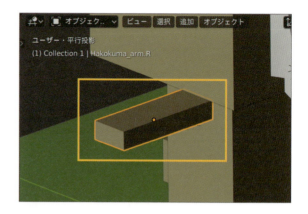

2 編集モードに切り替えます。
頻繁に切り替えるので、ショートカットキーの[Tab]キーを使います。腕の付け根の面を選択します。

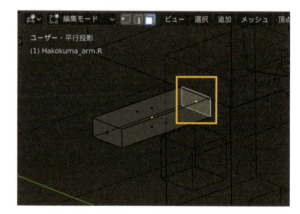

3 [Shift]+[S]キーを押して、「スナップ」から「カーソル→選択物」を選びます。3Dカーソルが、選択した面の中央に移動してきました。
[Tab]キーでオブジェクトモードに戻します。

4 ❶ ヘッダーの[オブジェクト]から[原点を設定]-[原点を3Dカーソルへ移動]を選択します。

❷ これで右腕の原点が、腕の付け根に移動しました。
[回転]ツールで、腕のポーズが付けやすくなっていることを確認してください。

左脚の原点を移動する

1 左脚の原点を移動します。
「左脚（Hakokuma_leg.L）」を選択します。

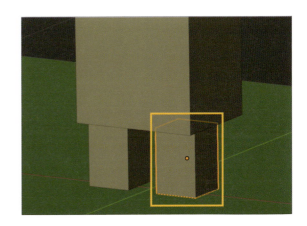

2 [Tab]キーで編集モードに切り替えます。脚の付け根の面を選択します。

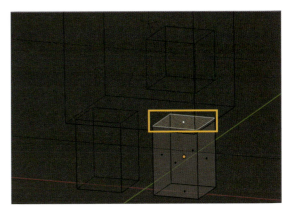

3 [Shift]+[S]キーを押して、スナップから「カーソル→選択物」を選びます。3Dカーソルが、選択した面の中央に移動してきました。
[Tab]キーでオブジェクトモードに戻します。

4 ❶ ヘッダーの［オブジェクト］-［原点を設定］-「原点を3Dカーソルへ移動」を選択します。

❷ これで左脚の原点が、脚の付け根に移動しました。
［回転］ツールで、脚のポーズが付けやすくなっていることを確認してください。

右脚の原点を移動する

1 右脚の原点を移動します。
「右脚(Hakokuma_leg.R)」を選択します。

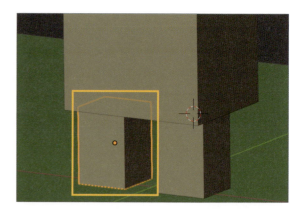

2 Tabキーで編集モードに切り替えます。脚の付け根の面を選択します。

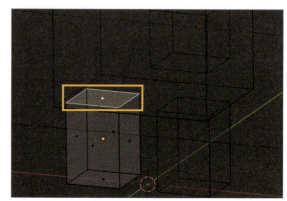

3 Shift+Sキーを押して、スナップから「カーソル→選択物」を選びます。3Dカーソルが、選択した面の中央に移動してきました。
Tabキーでオブジェクトモードに戻します。

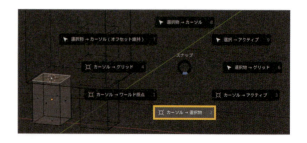

4 ❶ ヘッダーの[オブジェクト]-[原点を設定]-[原点を3Dカーソルへ移動]を選択します。

❷ これで右脚の原点が、脚の付け根に移動しました。
[回転]ツールで、脚のポーズが付けやすくなっていることを確認してください。

尻尾の原点を移動する

1 尻尾の原点を移動します。
「尻尾（Hakokuma_tail）」を選択します。

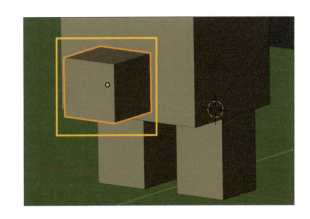

2 Tabキーで編集モードに切り替えます。尻尾の付け根の面を選択します。

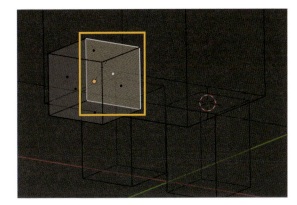

3 Shift+Sキーを押して、スナップから「カーソル→選択物」を選びます。3Dカーソルが、選択した面の中央に移動してきました。
Tabキーでオブジェクトモードに戻します。

4 ❶ ヘッダーの［オブジェクト］-［原点を設定］-「原点を3Dカーソルへ移動」を選択します。

❷ これで尻尾の原点が、尻尾の付け根に移動しました。
［回転］ツールで、尻尾のポーズが付けやすくなっていることを確認してください。

頭部の原点を移動する

1 頭部の原点を移動します。
「頭部（Hakokuma_head）」を選択します。

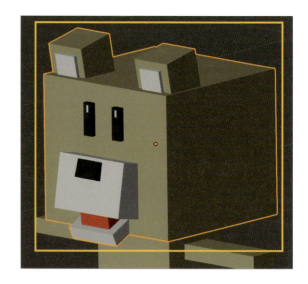

2 Tabキーで編集モードに切り替えます。頭部の底面を選択します。

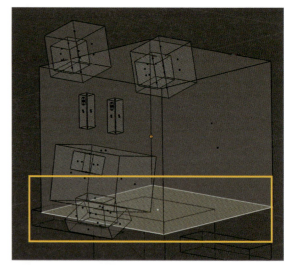

3 Shift+Sキーを押して、スナップから「カーソル→選択物」を選びます。3Dカーソルが、選択した面の中央に移動してきました。
Tabキーでオブジェクトモードに戻します。

4

① ヘッダーの[オブジェクト]-[原点を設定]-「原点を3Dカーソルへ移動」を選択します。

② これで頭部の原点が、首の辺りに移動しました。
[回転]ツールで、頭部のポーズが付けやすくなっていることを確認してください。

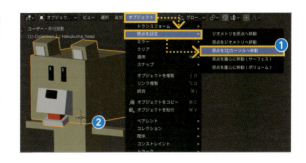

胴体の原点を移動する

1 胴体の原点を移動します。
胴体の原点は腰付近に移動したいのですが、移動先にちょうどいい面がありませんので、少し違った手順になります。「胴体(Hakokuma_Body)」を選択します。

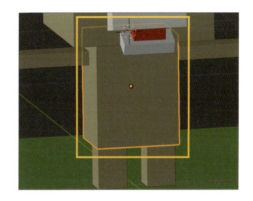

2 Shift+Sキーを押して、スナップから「カーソル→選択物」を選びます。3Dカーソルが、胴体の原点に移動してきました。

3 Nキーを押してサイドバーを表示します。[ビュー]タブをクリックしてややスクロールして、[▼3Dカーソル]という項目を見つけてください。[▼3Dカーソル]のZの値を左右にドラッグすると、3Dカーソルが上下に移動します。[Z:]の値を調節して、図のように腰付近まで移動してください。大きく動いてしまう場合はShiftキーを押しながらドラッグします。

79

4 ヘッダーの［オブジェクト］-［原点を設定］-「原点を3Dカーソルへ移動」を選択します。
これで胴体の原点が、腰の辺りに移動しました。
胸部と腰が分かれたキャラクターの場合は腰が一番の親になりますが、箱くまの胴体はひとつのオブジェクトなので、回転の中心になる原点は、腰の位置に設定します。
［回転］ツールで、胴体のポーズが付けやすくなっていることを確認してください。

CLEAR ⭐

完成！

おめでとうございます！
原点の設定がうまくいっているか、箱くまのポーズを変えて確認してみましょう。
原点をオブジェクトの中心に戻したいときは、原点を重心に移動（ボリューム）が便利ですよ。

STAGE 1-4 CHALLENGE!

箱うしの原点移動

ここまでで学んだ、原点の移動方法を使用して、箱うしのアニメーションを付けやすくしよう！
オブジェクトの数や構造は、箱くまと同じです。復習になるので、自分の力でできるか試してみます。
少し手順が多いけど、繰り返して覚えようね。

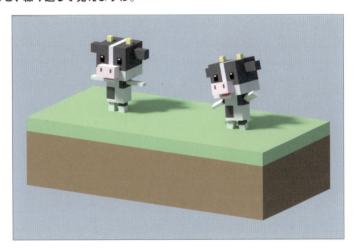

進め方ガイド

『Stage1-4_Challenge.blend』を開きます。

LESSON ファイル

1-4 → Stage1-4_Challenge.blend

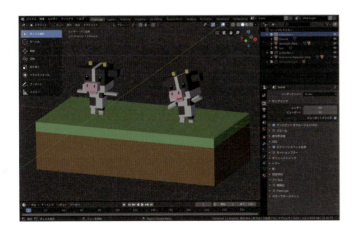

左側の箱うしに原点の設定を行い、右側のお手本のように、ポーズが付けやすい構造を作ります。

作業手順の紹介はありません。自分の力で完成を目指しましょう。

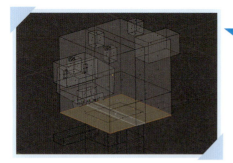

頭部の底面は３つに分かれているよ。３つ選んでもいいし、真ん中だけでも大丈夫！

まとめて選択すると、原点の移動し忘れが確認しやすいね

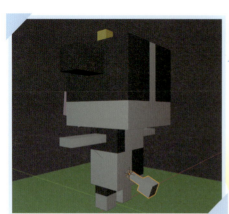

尻尾も忘れないで！

STAGE 1-4 クリア！

おめでとうございます！
原点の移動はもうバッチリですね。
これで自分で作ったキャラクターも、原点を移動して、ペアレントして、アニメーションの準備を整えることができるようになりました。
次のステップでは、このキャラクターを使用してキーフレームアニメーションを作る方法を学びます。

≫ レンダリングしたら、ハッシュタグ#箱うし本でSNSに投稿しよう！

STAGE 1-5　ペアレントを用いた歩行アニメーション

ペアレントの構造を持ったキャラクターのアニメーションを作ります。ペアレントされたオブジェクトのアニメーションでは、親の動きと子の動きを連動させ、複数のオブジェクトのキーフレームを意識する必要があります。パーツごとの役割を考えてアニメーションを作れるようになりましょう。

LESSON-8

箱くまの歩行アニメーションを作る

1-3、1-4で設定方法を学んだ、ペアレントと原点の設定を済ませた箱くまを使用して、1-2に登場した箱くまの歩行アニメーションを作る、STAGE 1の最終レッスンです。LESSONの最後には応用問題となるステージを用意しているので、実際に操作しながらペアレントのアニメーションに慣れましょう！

進め方ガイド

『Stage01_Lesson08.blend』を開きます。
「Collection1」の箱くまが歩く、アニメーションを作ります。
「Collection2」にはお手本のアニメーションがあります。

LESSONファイル

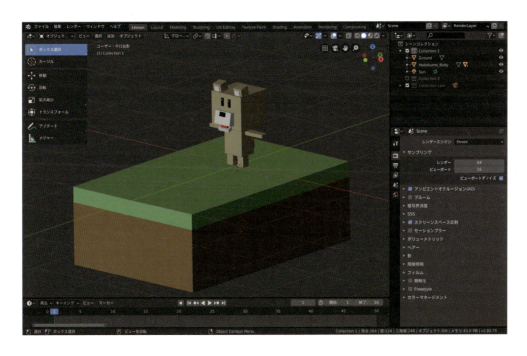

01 ≫ 初期ポーズを作る

1 箱くまは、最初はT字のポーズをしています。これはキャラクターのモデリングや設定に都合がよいためですが、アニメーションの初期ポーズとしては不自然です。
まず両腕を下ろして、自然な立ちポーズを作りましょう。

❶「左腕（Hakokuma_arm.L）」を選択して、[回転]ツールで腕を下ろします。

❷ 同様に「右腕（Hakokuma_arm.R）」を選択して、[回転]ツールで腕を下ろします。左右の回転は多少変えたほうが生き物らしさが出ます。数値入力ではなくマウス操作ならば、意識せずとも僅かな差ができて自然なポーズに仕上がります。

2 フロントビューにして、[ボックス選択]ツールに切り替えます。図のように、箱くまだけを完全に囲うよう、左ドラッグします。

3 Iキーで初期ポーズのキーフレームを作ります。このシーンのキーイングセットは「LocRot（位置/回転）」に設定されています。

02 ≫≫ 移動距離を決める

最初に大きな動きを作ります。今回は歩行なので、箱くまが「どのくらいの時間で、どこまで移動するか」を決めましょう。

40フレームに移動します。胴体を選択し、[移動]ツールでY方向へ移動します。ペアレントにより、親を移動することで子のパーツがすべて一緒に移動します。移動距離はお手本と同じでなくてかまいません。4歩分の移動距離をイメージして前進させてください。

[ボックス選択]ツールで箱くまのすべてのパーツを選択して、Iキーで歩行終了ポーズのキーフレームを作ります。再生して確認してみます。移動の動き始めと終わりに、自動的に加速と減速が作られ、滑らかな移動アニメーションになっています。

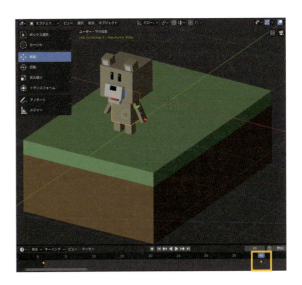

03 ≫≫ 腕と脚を振る

1 歩行らしく、腕と脚のアニメーションを作ります。
キーフレームを作る間隔は、わかりやすく10フレームおきにします。10フレームに移動します。「右脚(Hakokuma_leg.R)」を前に、「左脚(Hakokuma_leg.L)」を後ろに回転させます。「左腕(Hakokuma_arm.L)」を前に、「右腕(Hakokuma_arm.R)」を後ろに回転させます。
箱くまのすべてのパーツを選択して、Iキーでキーフレームを作ります。

2 20フレームに移動します。
「左脚(Hakokuma_leg.L)」を前に、「右脚(Hakokuma_leg.R)」を後ろに回転させます。「右腕(Hakokuma_arm.R)」を前に、「左腕(Hakokuma_arm.L)」を後ろに回転させます。箱くまのすべてのパーツを選択して、Iキーでキーフレームを作ります。

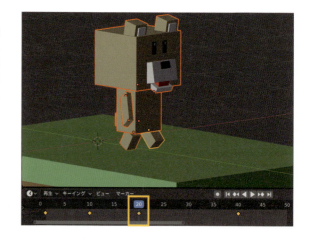

3 30フレームに移動します。
「右脚(Hakokuma_leg.R)」を前に、「左脚(Hakokuma_leg.L)」を後ろに回転させます。「左腕(Hakokuma_arm.L)」を前に、「右腕(Hakokuma_arm.R)」を後ろ回転させます。箱くまのすべてのパーツを選択して、Iキーでキーフレームを作ります。
アニメーションを再生して確認します。箱くまが歩行するアニメーションができました。

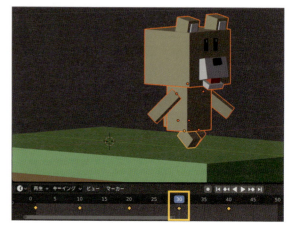

完成！

おめでとうございます！
アニメーションの操作や仕組みに慣れないうちは、キーフレームを作るときに、すべてのパーツを選択するようにしましょう。

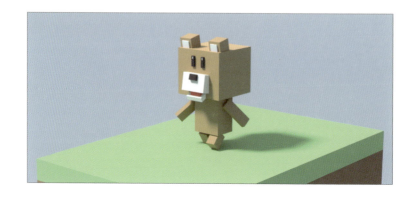

STAGE 1-5 CHALLENGE!

箱うしの歩行アニメーションを作る

ここまでで学んだ、ペアレントのアニメーションを利用して、箱うしの歩行アニメーションを付けよう！
オブジェクトの数や構造は、箱くまと同じです。復習になるので、自分の力でできるか試してみます。

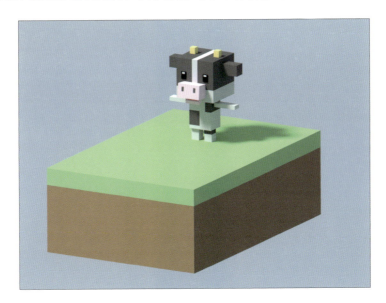

進め方ガイド

『Stage1-5_Challenge.blend』を開きます。

LESSON ファイル
1-5 → Stage1-5_Challenge.blend

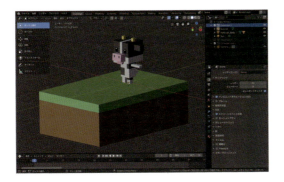

「Collection1」の箱うしを、歩かせるアニメーションを作ります。
「Collection2」に、お手本のアニメーションがあります。作業手順の紹介はありません。自分の力で完成を目指しましょう。

最初は大きな動きから決めていくよ

お手本の腕はバタバタ動かしているよ。こんな風に特徴をつけてもいいね

キーフレームは10フレームおきにね

STAGE 1-5 クリア！

おめでとうございます！
ペアレントのアニメーションはもうバッチリですね。
ここまで学んだ機能だけでもアニメーション作品を作ることが可能です。
これでSTAGE1すべてクリアです！　STAGE2へ進みましょう。

≫ 出力先を指定してアニメーションレンダリングができたら、#箱うし本でSNSに投稿しよう！

STAGE 2

タイムラインとグラフ

STAGE 2-1 タイムラインでキーフレームの複製・編集

タイムラインを使用して、アニメーションのタイミングを変更したり、複製や削除を行う方法を学びます。本書でオススメする10フレームごとのキーフレームではタイミングが理想通りにならない場合もありますが、ここで調整を行うことで気持ちのよいアニメーションに修正できます。

LESSON-9

タイムラインで箱くまドライビング

タイムラインを使用して、キーフレームアニメーションの編集をします。作ったキーフレームの複数選択や複製、タイミングの変更を学ぶことで、より自由自在にアニメーションを作れるようになります。
慣れてくるとアニメーション全体を把握したり、失敗の原因のキーフレームを見つけることもでき、アニメーション制作には手放せない機能です。LESSONの最後には応用問題となるステージを用意したので、実際に操作しながらタイムラインの扱い方に慣れましょう！

進め方ガイド

『Stage02_Lesson09.blend』を開きます。
箱くまの運転する自動車が、障害物を避けて走るようにします。
1度目の障害物を避けるアニメーションを用意しているので、これを複製して、2度目の障害物を避けます。
2度目の障害物はやや大きいので、避けている時間を少し長く編集します。

LESSON ファイル
2-1 → Stage02_Lesson09.blend

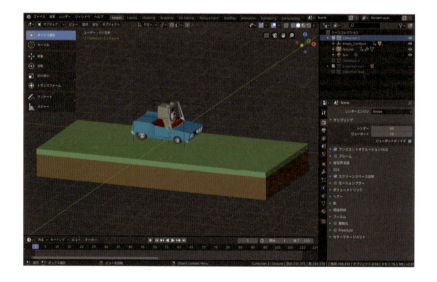

01 》》 タイムラインの基本操作

1 タイムラインを操作しやすくするため、画面の分割領域を広げます。
3Dビューとタイムラインの境目をドラッグして、上へ引き上げましょう。

2 ❶ 車を包み込むように配置されている、四角い「エンプティ（Empty_CarMove）」を選択します。

❷ タイムラインにキーフレームが表示されました。このエンプティは自動車のアニメーションを行っています。

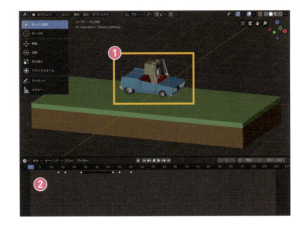

3 初期設定では、選択したオブジェクトのキーフレームだけがタイムラインに表示されます。
シーンすべてのキーフレームを表示するには、タイムラインのヘッダーから［ビュー］-「選択したチャンネルのキーフレームのみ」のチェックを外します。

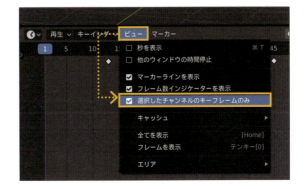

4 そのままでは、それぞれのオブジェクトのキーフレームなのか見分けがつかないので、タイムライン左の▶をクリックして［概要］を展開します。

5. 表示された [▼概要] の ▶ をクリックして展開します。これで左側にオブジェクト名が表示されるようになりました。

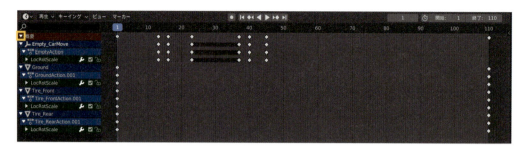

6. ひとつのオブジェクトに対して、キーフレームが3列表示されているので、これを各1列にします。各オブジェクト名の横の ▼ をクリックして畳みます。

7. ここからは、表示を元に戻していきます。[▼概要] の ▼ をクリックして畳みます。

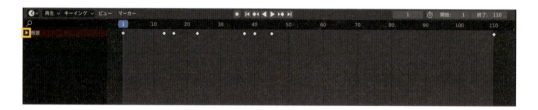

8. 名前の表示を隠すには、図に記した境目にマウスカーソルを合わせて、カーソルのアイコンが変わったところで左側へドラッグします。

9 3でチェックを外したタイムラインのヘッダーから［ビュー］-「選択したチャンネルのキーフレームのみ」のチェックを入れ、選択したオブジェクトのキーフレームだけが表示される状態に戻します。

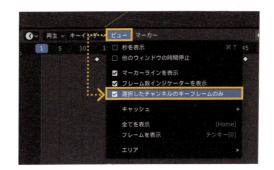

02 》》 シーンのアニメーションを確認する

シーンを再生してみましょう。正面から迫りくる障害物を、地面を2車線に見立てて、ゲームのように回避するアニメーションです。このアニメーションでは、ペアレントにより、自動車と箱くま、両方の親となっている「Empty(Empty_CarMove)」を動かして障害物を回避しています。「Empty」は、レンダリングに表示されないオブジェクトで、仕組みを作るために使われます。

- 走行アニメーションの仕組み（カラクリ）は、「地面（Ground）」をX軸方向へ移動することで、自動車が走っているように見せています。選択するとタイムラインに表示されますが、このレッスンではここを操作する必要はありません。
- 「タイヤ（Tire_Front、Tire_Rear）」にも回転アニメーションが付いています。選択するとタイムラインに表示されますが、このレッスンではここを操作する必要はありません。
- 各キーフレームの役割を、動きと見比べて確認していきます。最初の位置を維持、隣の車線へ移動、隣の車線を維持、元の車線へ移動、が基本で、移動しはじめに自動車の向きを変えるキーフレームがあります。

1 1～13フレームは、車が直進します。

2 13～16フレームは、右回転と移動で、車線変更をはじめます。

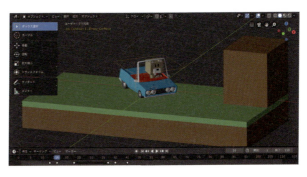

3 16〜23 フレームは、左回転と移動で、車線変更を終えます。

4 23〜37 フレームは、移動せず、移動先の車線を維持します。
キーフレーム間に帯の描かれたところは、数値が変化せず、動いていない目印です。

5 37〜40 フレームは、左回転と移動で、元の車線に戻りはじめます。

6 40〜45 フレームは、右回転と移動で、元の車線に戻り終えます。

7 45フレーム以降はキーフレームがなく、直進を続けて2つ目の障害物にめり込んでしまいます。

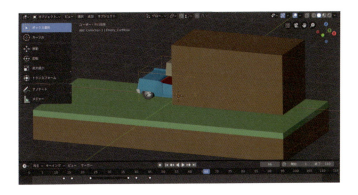

03 >>> タイムラインでキーフレームを複製する

1

回避する一連のキーフレームをすべて選択して、次の障害物が来るタイミングへ複製します。タイムライン上で B キーを押し、キーフレームを囲うように左ドラッグして、13～45フレームのキーフレームをボックス選択します。

POINT
ボックス選択：B キーのあと、左ドラッグで選択追加、Shift キー＋左ドラッグで選択解除。
※このショートカットキーは、3Dビューでも使うことができる共通のものです。

2 タイムライン上で Shift + D キーを押して複製します。そのままマウスを右側へ動かして、他のキーフレームと十分に離れた位置で左クリックし、複製を確定します。タイミングを整えるために後でもういちど移動しますので、ここではひとかたまりのキーフレームが見分けのつく位置に複製してください。
アニメーションを再生して確認します。車線変更のタイミングが合わず、障害物にめり込んだまま車線変更している状態になっています。次はこれを修正していきましょう。

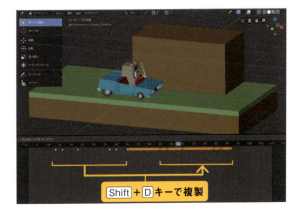

04 ≫ タイムラインでキーフレームを移動する

1 65フレームに移動します。
このフレームでは、車が障害物にめり込んでいるのがわかります。選択したキーフレームを移動するには、ショートカットキー G キーを押してからマウス操作で移動し、左クリックで確定します。

> **POINT**
> キーフレーム上で左ドラッグすると、そのキーフレームだけを移動します。これによる意図しない動作を防止するため、本書ではショートカットキーでの操作を行いますが、やりやすい方法で進めてください。
> ※このショートカットキーは、3Dビューでも使うことができる共通のものです。

2 複製された回避アニメーションのキーフレームを G キーで移動して、回避しはじめるタイミングを合わせましょう。
キーフレームを移動すると、アニメーションのタイミングが変化します。キーフレームを移動していると、3Dビューでもキーフレームに合わせて車の位置が変化するので確認しながら調整します。65フレームで車線移動が完了していれば、無事に回避できそうですね。

> **POINT**
> 図とまったく同じタイミングでなくても、ぶつからなければOKです。「ギリギリではなく、少し余裕をもたせたい」など、それがあなたのアニメーションの意図になります。

3 ふたつめの障害物は少し大きく、このままでは回避の終了タイミングが合わないので、車線を戻すタイミングを遅らせます。85フレームに移動します。車が障害物に少しめり込んでいますね。

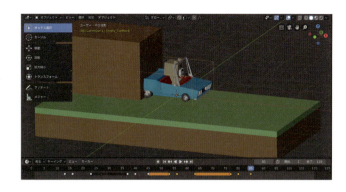

4 キーフレームの選択解除を行います。マウスカーソルをタイムライン上に移動した状態で Alt + A キー、またはタイムライン上の何もないところをクリックしてください。
車線を戻すキーフレームを B キーで［ボックス選択］して、G キーで壁にぶつからないタイミングへ移動します。アニメーションを再生して、衝突を回避できていれば完成です。

POINT
すべて選択： A キー
すべて選択解除： Alt + A キー
※このショートカットキーは、3Dビューでも使うことができる共通のものです。

完成！

おめでとうございます！
タイムラインを使うことで、アニメーションの複製や編集が簡単に行えることがわかりました。
キャラクターのアニメーションでも、スピードを変更したり、タイミングを調整したりと使い道の多い機能です。
たとえば2歩分の歩行アニメーションを作れば、手脚のキーフレームを複製することで、何歩でも簡単に歩かせることができます。上手に応用できるよう、タイムラインを積極的に使っていきましょう。

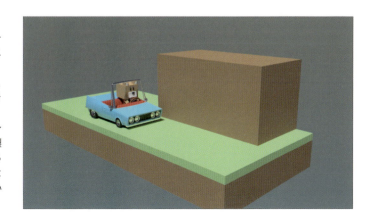

STAGE 2-1 CHALLENGE!

タイムラインで箱うしドライビング

ここまでで学んだ、タイムラインのテクニックを使用して、箱うしのドライブアニメーションを完成させよう！
回避するアクションがジャンプに変更されていますが、行う操作は同じです。
復習になるので、自分の力でできるか試してみます。

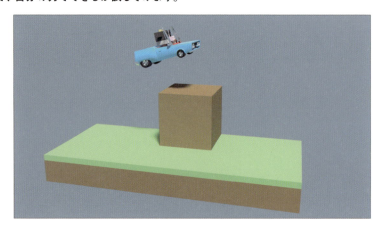

進め方ガイド

『Stage2-1_Challenge.blend』を開きます。

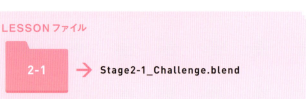

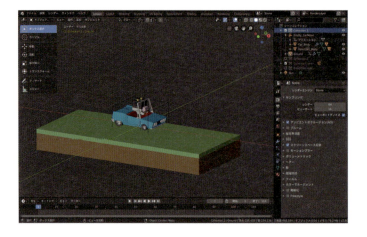

箱うしの運転する自動車が、障害物を避けて走るようにします。
1度目の障害物を避けるアニメーションを用意したので、これを複製して、2度目の障害物を避けます。
2度目の障害物は少し大きいので、避けている時間をやや長く編集します。
作業手順の紹介はありません。自分の力で完成を目指しましょう。

キーフレームの役割を把握するよ

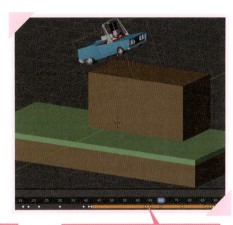

動きを確認しながら複製、調整しよう！

タイムラインを操作しやすく広げよう

STAGE 2-1 クリア！

タイムラインを使って、一度作ったアニメーションを何度も繰り返し使ったり、タイミングを変えたりできるようになりましたね。
間違ったキーフレームの削除も、タイムラインを使うことでまとめて消去できるのでオススメです。
次のステップでは、アニメーションしているオブジェクトの複製を学びます。

出力先を指定してアニメーションレンダリングができたら、#箱うし本でSNSに投稿しよう！

STAGE 2-2　タイムラインで アニメーション付きオブジェクトの複製

アニメーションを作ったあとに、オブジェクトごと複製して、再生タイミングをずらす方法を学びます。引き続きタイムラインを使うので、もし忘れてしまっているなら、STAGE2-1を復習してからはじめましょう。

LESSON-10

タイムラインで箱くまもぐらたたき

もぐらたたきのように箱くまが次々と穴から飛び出すアニメーションを作ることで、アニメーション付きオブジェクトを複製する方法を学びます。タイムラインを上手く使って、何度も同じアニメーションを作る手間を省くことも可能です。LESSONの最後には応用問題となるステージを用意したので、実際に操作しながらタイムラインの応用に慣れていきましょう！

進め方ガイド

『Stage02_Lesson10.blend』を開きます。
シーンを再生すると、箱くまが穴から飛び出し、戻っていくアニメーションが付いています。
ペアレントにより、穴が箱くまの親になっています。これらを複製し、位置とタイミングを変更することで、もぐらたたきのようなアニメーションを作ります。
「Collection2」には完成のお手本があります。

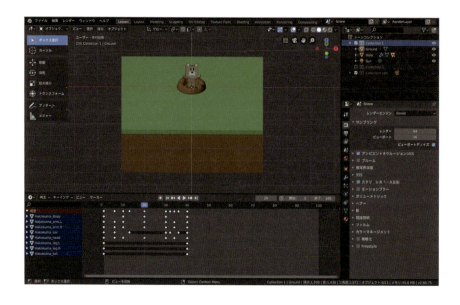

01 ペアレントされたオブジェクトを選択する

穴の子に胴体、胴体の子に全身のパーツがペアレントされていますが、これらを個々に選択するのは少々面倒です。
アウトライナーを使って選択する方法を覚えましょう。

アウトライナーで選択する

1 親である「穴（Hole）」を右クリックし、「階層を選択」を行います。

2 複製して、もぐらたたきのように、いくつか並べましょう。3Dビューの視点を「トップビュー」にします。

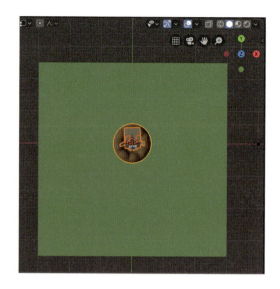

3 [Shift]+[D]キーで複製、移動します。これを何度か繰り返して、もぐらたたきのように配置しましょう。

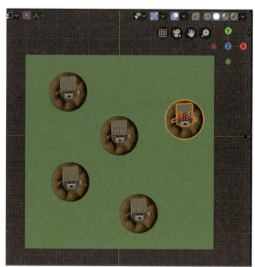

4 通常、アニメーションされたオブジェクトには位置のキーフレームがあり、移動しても元の位置に戻ってしまいますが、箱くまの親となっている穴のオブジェクトにはキーフレームがないため、穴の子である箱くまのアニメーションは移動先で再生されます。
［スペースバー］でアニメーションを再生して確認してみましょう。

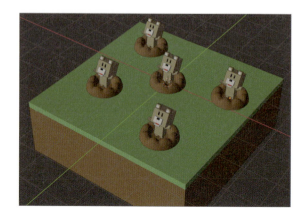

02 ▶▶▶ 飛び出すタイミングをずらす

1 穴と箱くまを複製したことで、タイムラインが見づらくなってきました。

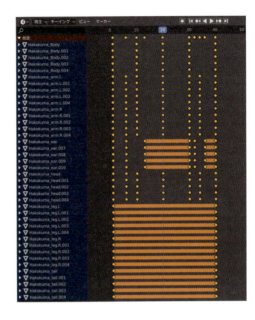

2 タイムラインのヘッダーから、[ビュー] - [選択したチャンネルのキーフレームのみ]にチェックを入れます。

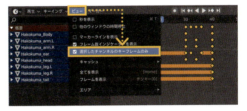

3 アニメーションの時間は、全体で100フレームに設定されています。この中で複製した箱くまの飛び出すタイミングをずらしていきます。

① アウトライナーで、複製した穴のうちひとつを右クリックし、階層を選択します。

② タイムライン上で A キーを押してすべてのキーフレームを選択し、G キーで少しだけ右側へ移動します。

4 再生して確認したら、**3**と同様に他の穴と箱くまを選択して、同じようにタイミングをずらしましょう。
飛び出すタイミングをすべて調整し終わったら、もう一度[スペースバー]で再生して全体のアニメーションの気持ちよさを確認します。

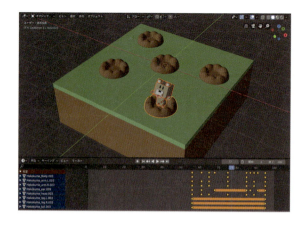

5 最後に、それぞれの穴の向きを少し変えて、飛び出す箱くまの複製感をなくしていきます。
穴を選択して、Rキー→ZキーでZ軸回転します。これを繰り返して、すべての穴の向きを少しだけ変えましょう。
[スペースバー]でアニメーションを再生して、違和感がなければ完成です。

CLEAR ⭐

完成！

おめでとうございます！
異なるタイミングであっても、同じ動きをするものは、この手順で簡単に増やすことができます。
複製されたものは、複製元とは別のオブジェクト、別のアニメーションなので、複製された側のアニメーションだけを作り変えることも可能です。ひと手間加えると、アニメーションはもっと楽しいものになりますね。

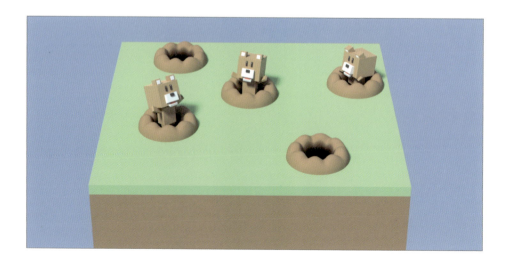

STAGE 2-2 CHALLENGE!

タイムラインで箱うしウェーブ

ここまでで学んだ、タイムラインのテクニックを使用して、箱うしのウェーブ（ここでいうウェーブは、スタジアムなどで観客が行うパフォーマンスのウェーブです）を完成させよう！
今回は、まったく異なるアニメーションを作りますが、考え方は同じです。仕組みを考えてみましょう。

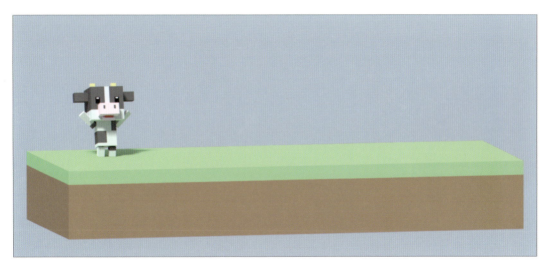

進め方ガイド

『Stage2-2_Challenge.blend』を開きます。

LESSONファイル

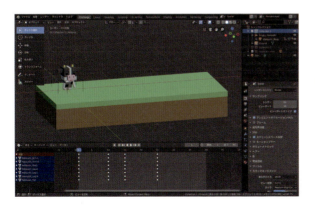

箱うしがバンザイしてもとに戻るアニメーションが用意されています。
これを複製して、1人（1頭？）ずつ少しタイミングをずらすことで、ウェーブを完成させましょう。
「Collection」にお手本のアニメーションがあります。
作業手順の紹介はありません。自分の力で完成を目指しましょう。

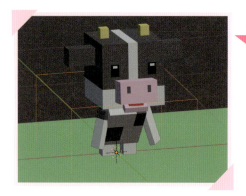

移動しやすいように、キーフレームの付いていないエンプティが箱うしの親になっているよ。

親子をまとめて選択するには……？

タイムラインは、選択したものだけを表示する設定にしよう！

STAGE 2-2 クリア！

おめでとうございます！
キーフレームのない親にペアレントすることで、アニメーションしたオブジェクトを異なる場所へと複製すること、タイムラインでタイミングを変更すること、その組み合わせが理解できましたか？
次のステップでは、キーフレームの間のアニメーションをコントロールする、グラフエディターを学びます。

>>> 出力先を指定してアニメーションレンダリングができたら、#箱うし本でSNSに投稿しよう！

STAGE 2-3 グラフエディターで動きにメリハリをつける

キーフレームとキーフレームの間のアニメーションを調整する、グラフエディターを学びます。グラフを見ると、数学のようで難しそうに感じるかもしれませんが、グラフ上のカーブと実際のアニメーション結果が連動しているため、「こういう形ならこういう動きをする」といった想像ができて、直感的に扱うことができるようになります。

LESSON-11

グラフエディターでアヒルジャンプ！

アヒルの親子が川をジャンプして渡る作例で、グラフエディターの使い方を学びます。難しく考えずに、操作することで、どのように変化したかを観察しながら進めてください。グラフエディターで調整すると、アニメーションに緩急ができて、見ていて気持ちのよい動きが作りやすくなります。LESSONの最後には応用問題となるステージを用意したので、実際に操作しながらグラフエディターの操作に慣れていきましょう！

進め方ガイド

『Stage02_Lesson11.blend』を開きます。
シーンを再生すると、アヒルの親子が順に川を飛び越えます。
大人アヒルのグラフはお手本になっています。
子どもアヒルのグラフを編集して、ジャンプと着地の瞬間に動きのメリハリを付けます。

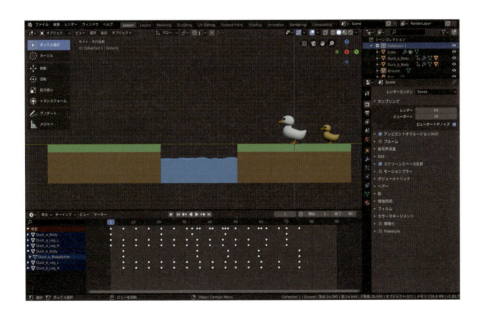

01 グラフエディターを表示する

1 タイムラインをグラフエディターに置き換えます。タイムラインのヘッダーの[エディタータイプ]から、「グラフエディター」を選択します。

2
① タイムラインにマウスカーソルを重ねて[Ctrl]+[Tab]キーで、グラフエディター/タイムラインを交互に切り替えることもできます。

② キーフレームを持つオブジェクトを選択すると、そのアニメーションがグラフになって表示されます。「大人アヒル（Duck_a_Body）」を選択して確認しましょう。

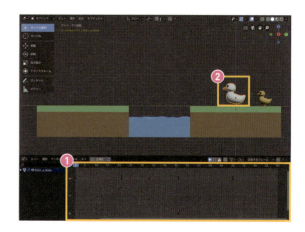

3
① 左側にオブジェクト名が表示されます。

② ▼を左クリックして展開すると、XYZそれぞれの位置と、XYZそれぞれの回転（オイラー角回転）が表示され、それぞれ選択したり、目のアイコン 👁 👁 👁 で表示/非表示を変更したりできるようになります。位置と回転が表示されるのは、LocRot(位置/回転)にキーフレームを作っているからです。このシーンではアクティブキーイングセットにLocRotが指定されています。

4 LocRotの目のアイコン 👁 👁 👁 をクリックして、すべてのグラフを非表示にします。

5 この状態で、Z位置の目のアイコン☑をクリックすると、右側にZ位置のグラフのみが表示されます。
グラフエディター内で[Ctrl]キー+中ボタンドラッグするとグラフの縦横の表示を調整できます。これはグラフを操作しているのではなく、見え方が変わるだけです。小さく表示されていると編集しづらいので、グラフの変化がよく見えるように調整します。
タイムラインと同様に、右クリック、または右ドラッグで現在のフレーム数を移動することができます。

POINT
タイムライン同様、3Dビューと共通で使えるショートカットキーがあり、[A]キー（全選択）や[B]キー（ボックス選択）での各種選択や、[G]キーの移動、複数選択して[S]キーで拡大縮小、[X]キーで削除は使用する機会が多いです。

02 ≫ 大人アヒルのジャンプを観察する

1 大人アヒルのZ位置グラフにはカマボコ状に盛り上がる場所があります。
図は見やすくなるように[A]キーで全選択した状態です。

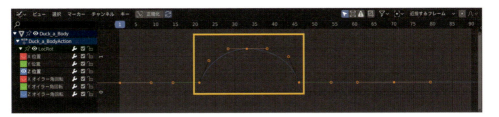

2 実際のアニメーションと比べながら見てみると、ジャンプの軌跡がZ位置グラフと同じ曲線を描いています。
このような関係に気付くと、直感的に編集することができるようになります。

❸ ❶ 3Dビュー上に動きの軌跡を表示するには、[オブジェクト]タブの[▼モーションパス]から、[計算]ボタンを押します。

❷ [OK]ボタンをクリックします。

❸ アニメーションを変更してもモーションパスは自動更新されないので、[パスを更新]ボタンをクリックして更新します。モーションパスが不要になったら、[パスを更新]の右の✕ボタンをクリックして削除します。

 →  →

03 » 子どもアヒルのグラフを編集する

❶ 「子どもアヒル（Duck_b_Body）」を選択して（❶）、Z位置グラフを表示します（❷）。

2 大人アヒルのグラフと比べてみると、なだらかなカーブで山を描いています。このままではジャンプした印象が弱く、ふわりと浮いたようにも見えるので、グラフを操作してメリハリをつけます。

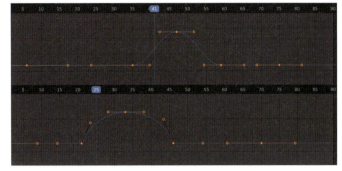

3 ジャンプ開始のコントロールポイント（真ん中）を左クリックして選択します。

4 Vキーで［キーフレームのハンドルを設定］を開き、「ベクトル」を選びます。

5 ショートカットキーを使わない場合は、グラフエディターのヘッダーから、［キー］-［ハンドルタイプ］-「ベクトル」を選択します。

6 ハンドル部分をドラッグして、グラフの形をカマボコ型に編集します。

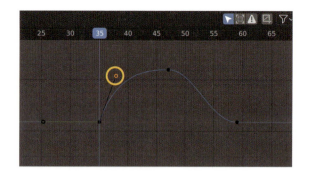

7 ジャンプ終了のコントロールポイントを選択して、同じようにカマボコ型にします。できたら再生して動きを確認してみましょう。

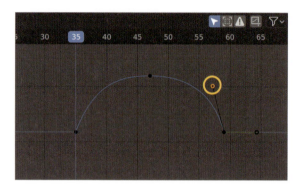

CLEAR ⭐

完成！

おめでとうございます！
グラフを扱うと、キーフレームの間の動きを作り込むことができますし、思った通りに動いていない場合にも、グラフを綺麗に修正することで、比較的簡単に修正できるようになります。

STAGE 2-3 CHALLENGE!

グラフエディターでアヒルジャンプ！ 完全版

ここまでで学んだ、グラフエディターのテクニックを使用して、アヒルジャンプを最初から作りあげます。完成目標はLESSON11（P.112）と同じですが、このステージでは子どもアヒルにアニメーションが付いておらず、キーフレームを作るところからはじめます。

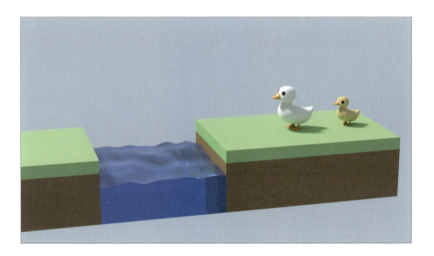

進め方ガイド

『Stage2-3_Challenge.blend』を開きます。

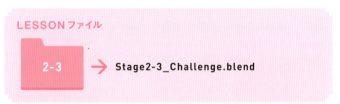

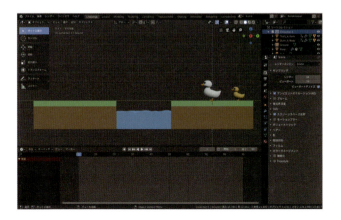

大人アヒルが前進して川を飛び越えるので、それに続いて子どもアヒルのアニメーションを作ります。
キーフレームを作ってアニメーションした後に、グラフエディターを使用してジャンプの動きにメリハリをつけます。
作業手順の紹介はありません。自分の力で完成を目指しましょう。

大人アヒルにぶつからないように
キーフレームを作ろう

グラフは復習だよ。
ジャンプの軌跡を
思い浮かべて！

タイミングの調整には
ドープシートを使おう

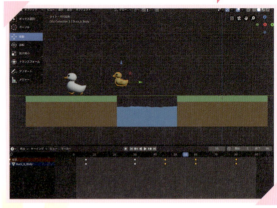

STAGE 2-3 クリア！

おめでとうございます！
キーフレームアニメーションを作って、グラフエディターで軌道を修正することができるようになりました。
アニメーションの基本操作をひと通り学んだので、次のステージでは、関節を滑らかに曲げる機能、ボーンを学んでいきます。

≫≫ 出力先を指定してアニメーションレンダリングができたら、ハッシュタグ#箱うし本でSNSに投稿しよう！

STAGE 3

ボーンとウェイト

STAGE 3-1 ボーンでオブジェクトを曲げる

ボーンを使用して、ひとつのオブジェクトを曲げる方法を学びます。箱くまのようにパーツを分けなくても、ボーンを使用すれば関節をなめらかに曲げることができます。キャラクターアニメーションでは必須の技術といえるので、基礎から理解して、ボーンを使ったアニメーションを作れるようになりましょう。

LESSON-12

ボーンの基本操作

ボーンの作り方と、オブジェクトに関連付ける方法を学びます。まずはシンプルな構造で、アーマチュア、ボーンを作る手順や操作を身に付けましょう。LESSONの最後には応用問題となるステージを用意したので、実際に操作しながらボーンの基本操作を覚えましょう！

進め方ガイド

『Stage03_Lesson12.blend』を開きます。ストローを曲げるためのボーンを作り、実際に変形させるための関連付けを行います。ボーンを使ったアニメーションについても、操作手順を学習します。
「Collection2」には、お手本があります。

LESSON ファイル

3-1 → Stage03_Lesson12.blend

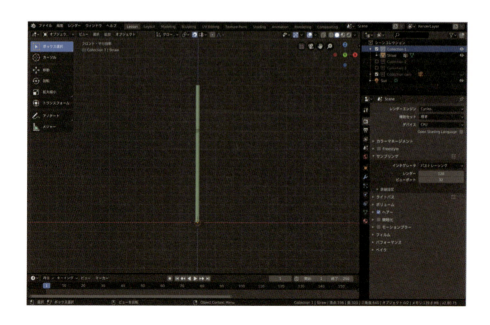

ボーン変形の可能なモデルのポイント

1 「Collection3」を表示し、他のレイヤーを隠します。図と同じものが 1 〜 20 フレームのアニメーションになっています。
ボーンは、オブジェクトの頂点を動かすことで関節のように曲げる機能です。頂点と頂点をつなぐ辺は常に直線で、曲線にはなりません。図は、関節付近のポリゴン分割数での曲がり方の比較です。分割数が多いほどなめらかな曲線を描くように曲がり、分割のない状態では、関節部分を表現できないことがわかります。

POINT
ボーン変形を行うモデルは、あらかじめ関節部分のポリゴンを分割しておく必要があることを覚えておきましょう。

2 オブジェクトモードで「Collection1」を開きます。シーンに置かれた「ストローのモデル（Straw）」を編集モードで観察してみましょう。蛇腹の部分に多くの分割があり、円柱状の部分には高さの分割がありません。このように観察することで、蛇腹の部分には関節として曲げるための十分なポリゴン分割がされており、それ以外の部分では曲げることができないモデルだとわかります。
もし、蛇腹以外の部分で曲げたい場合は、曲げたい箇所にポリゴンを増やす必要があります。ボーン変形が可能なモデルのポイントが理解できたら、実際にボーンを入れる方法を学んでいきましょう。

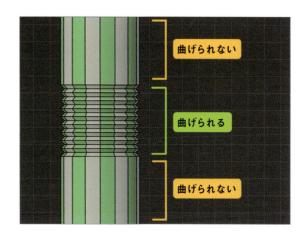

01 》》 ボーンを作成する

1 3Dビューのヘッダーから、［追加］-「アーマチュア」を選択します。アーマチュアはボーンの入れ物で、オブジェクトモードでの呼び名です。
ショートカットキーで作成する場合は、3Dビュー上で Shift + A キーを押し、［追加］-「アーマチュア」を選択します。

POINT
アーマチュアは、選択されたオブジェクトが編集モードの状態で作成することはできません。新しいオブジェクトを追加するときと同様に、オブジェクトモードで追加します。

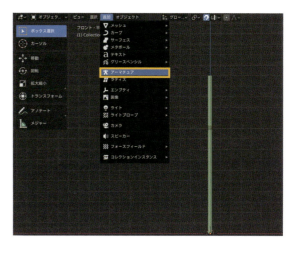

2 アーマチュアを選択した状態で、編集モードに移ります。ここでは、ボーンの移動や追加などの編集作業を行います。

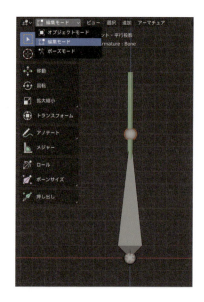

3 まず、ボーンの選択について確認します。ボーンには根本と先端があり、それぞれ玉の部分を選択することができます。これらを選択して移動すると、ボーンの長さや向きを変更することができます。
また、ボーン本体を選択すると、根本も先端もまとめて選択され、ボーン自体の移動、回転、拡大縮小といった操作が行いやすくなります。

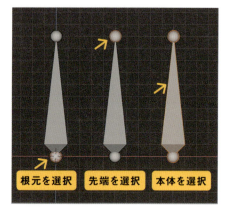

4 ボーンが1本だけでは関節が作れないので、ボーンを追加して関節を作ります。
ボーンを追加する1つの方法が「押し出し」です。ボーンの先端を選択して、Eキーを押して押し出し、続けてZキーで押し出しをZ方向に限定します。これはモデリング時の[押し出し]ツールのショートカットキーと共通です。ストローの先端まで伸ばして左クリックで確定しましょう。
ストローを曲げるためのボーンができたので、アーマチュアをオブジェクトモードに戻します。

02 ボーンでオブジェクトを変形できるように関連付けをする

1 ボーンを作ったら、そのボーンを使用して曲げたいオブジェクトとペアレントすることで、関連付けを行います。オブジェクト、アーマチュアの順に選択します。アーマチュアが親に、変形するオブジェクトが子になる選択順序を覚えましょう。

2 Ctrl+Pキーを押し、ペアレントのメニュー-[ペアレント対象]-「自動のウェイトで」を選択します。これで関連付けが完了しました。

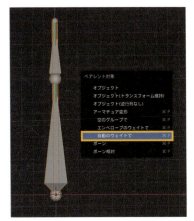

3 関節を曲げてポーズをつけたり、アニメーションを作るには、アーマチュアのポーズモードを使用します。アーマチュアのみを選択して、「ポーズモード」に切り替えます。

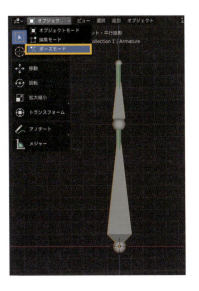

4 ポーズモードでは、選択されたボーンが青い枠線で表示されます。ポーズモードでボーンを回転させると、オブジェクトも合わせて変形するのがわかります。

5 ポーズモードでの回転は、選択して[Alt]+[R]キーを押すことで、元のポーズに戻すことができます。複数のボーンを選択した状態で[Alt]+[R]キーを押すと、まとめて元に戻すこともできます。

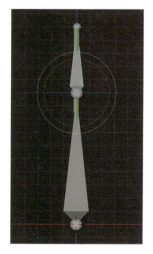

03 ≫ ボーンのアニメーションを作る

1 簡単なアニメーションで、ボーンを使用したアニメーションの作り方を確認します。アクティブキーイングセットを「LocRot」にします。

2 1フレームですべてのボーンを選択し、Iキーを押してキーフレームを作ります。ボーンは1本ずつ別々のキーフレームを持つので、キーフレームの打ち忘れに気をつけてください。

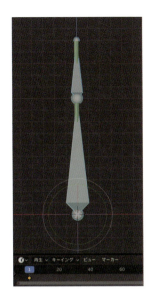

3 10フレームに移動して、図のようにボーンを回転させます。すべてのボーンを選択して、キーフレームを作ります。

4 20フレームに移動して、図のようにボーンを回転させます。すべてのボーンを選択して、キーフレームを作ります。

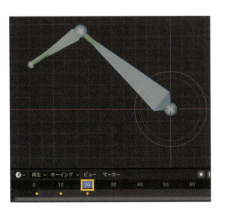

5 30フレームに移動して、すべてのボーンを選択し、Alt+Rキーで回転を戻します。すべてのボーンを選択した状態で、キーフレームを作ります。

6 タイムラインのヘッダーで、終了フレームを30にします。アニメーションが完成したので、アーマチュアをオブジェクトモードに戻します。

7 アニメーションしているストローに、アーマチュアが重なって見えにくいので、アーマチュアを隠します。アウトライナーで「Armature」の目のアイコン👁をクリックすると、目を瞑ったアイコン😑に変わり、非表示となります（アーマチュアを作成するときに「Collection1」が選択されていなかった場合、アウトライナーでのArmatureの表示位置が異なる場合があります）。

POINT
同じ操作をショートカットキーで行う場合は、アーマチュアを選択してHキーを押して非表示、Alt+Hキーを押して表示することができます。

8 [スペースバー]でアニメーションを再生してみましょう。ストローがおじぎして戻るアニメーションができました。
このように、ボーンを使うことで、パーツ分けしなくても関節の曲がるアニメーションが作成できます。

CLEAR ★

完成！

おめでとうございます！
ボーンの入れ方と、ポーズモードを使ってアニメーションを作る流れを体験しました。
Blenderは自動のウェイトがとてもよくできているのですが、それだけでは対応できない場合もあります。次のレッスンでは、さらに詳しくウェイトの仕組みを理解していきます。

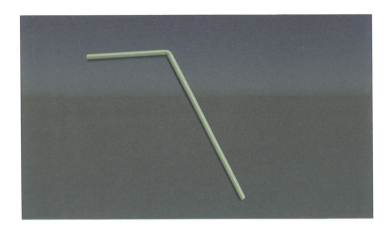

TIPS

[自動のウェイトで] を使用して設定される内容

[ペアレント対称]-[自動のウェイトで] はとても便利な機能ですが、何をしているのか、その仕組みを知っておくと修正がしやすくなります。これらの設定を行い、オブジェクトとアーマチュアの関連付けを完成させることができます。

● ペアレント

「ストロー（Straw）」を選択して、[オブジェクト] タブを見ます。[▼関係] の「ペアレント」が「Armature」になっていることから、アーマチュアが親、ストローが子の親子関係が作られていることがわかります。

● モディファイアー

「ストロー（Straw）」を選択して、[モディファイアー] タブを見ます。アーマチュアモディファイアーが追加され、[オブジェクト:] にArmatureが指定されています。これはアーマチュアを使ってボーン変形するためのモディファイアーです。

● オブジェクトデータタブ
頂点グループと名前

「ストロー（Straw）」を選択して、[データ] タブを見ます。[▼頂点グループ] に、ボーンの名前と一致した頂点グループが作られます。頂点グループごとに、同じ名前のボーンが動かせる影響力を、各頂点ごとに「0.000」～「1.000」のウェイトとして設定されています。

手動で
設定するには

頂点グループを使用して自分でウェイト値を設定するには、[▼頂点グループ] の ＋ ボタンで頂点グループを追加し、名前（Group）をダブルクリックしてボーン名と同じ名前に変更、オブジェクトを編集モードにして頂点を選択したら、[ウェイト:] の値を決めて [割り当て] ボタンを押します。

LESSON-13
ウェイトペイントで修正する

自動のウェイトで作成されたウェイトを修正する方法を学びます。頂点グループの編集はとても手間がかかるため、ウェイトペイントという機能を使って、色を塗るように直感的に操作する方法を身に付けましょう。LESSONの最後には応用問題となるステージを用意したので、実際に操作しながらウェイトペイントの使い方に慣れましょう！

進め方ガイド

『Stage03_Lesson13.blend』を開きます。「自動のウェイトで」だけでは理想的な変形が行えないオブジェクトを例に、ウェイトの修正方法を学びます。
「Collection2」には、お手本があります。

LESSONファイル

3-1 → Stage03_Lesson13.blend

01 》》 オブジェクトとアーマチュアを関連付ける

1 シーンに用意された頭のオブジェクトとアーマチュアを関連付けます。
「オブジェクト(Head)」、「アーマチュア(Armature)」の順に選択して、Ctrl+Pキーを押し、「ペアレント対象」メニューから、「自動のウェイトで」を選択します。

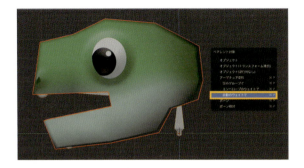

> **POINT**
> この先の工程で、もしウェイトが上手にできなかったときには、オブジェクトとアーマチュアの関連付けを再度行うことで、最初の状態からやり直すことができます。

2 アーマチュアを選択して、ポーズモードにします。

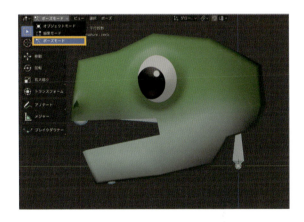

3 「下顎のボーン（lower_Jaw）」を動かして、変形の様子を観察します。下顎はきれいに開きますが、頭もつられて変形しているのが確認できますね。
レッスン用のモデルでは小さな問題と感じるかもしれませんが、もし大好きなキャラクターの顔や身体が他の部位の影響で歪んでいたりしたら、わずかな歪みでも気になってしまうでしょう。
そこで、ボーンの影響範囲を、ウェイトペイントという機能を使って修正していきます。

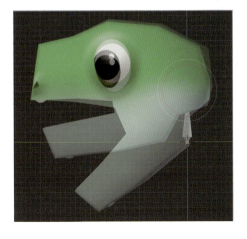

02 ウェイトペイントを使う

1 [編集] - 「オブジェクトモードをロック」の
チェックを解除します。
これが入っていると、次に行うポーズモードのアーマチュアとオブジェクトの同時選択ができません。

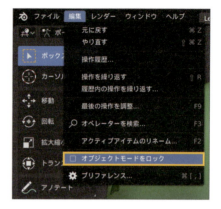

2 ❶ アーマチュアをポーズモードにしたまま、

❷ 関連付けられたオブジェクトをクリックして選択します。

❸ ウェイトペイントに切り替えます。

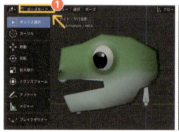
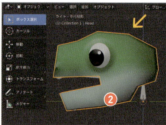
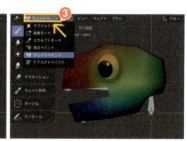

❶ アーマチュアをポーズモードにしたまま

❷ 頭のオブジェクトを選択して

❸ ウェイトペイントに切り替える

3 この状態で Ctrl キー＋左クリックすると、個々のボーンを選択できます。
選択されたボーンが変形することのできる頂点に赤色が、変形することのできない頂点に青色が、選択されたボーン以外にも変形可能なボーンがある頂点には、その強度により暖色から寒色へのグラデーションの中から色が付けられます。
自動のウェイトで設定すると、頂点ごとに、各ボーンの影響力の合計がおよそ「1.0」になるように設定されます。
たとえば2本のボーンのウェイトがそれぞれ「0.7」と「0.3」であった場合、7割と3割の影響力で変形します。

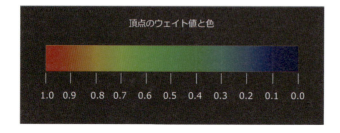

4 ❶「首のボーン (neck)」を選択すると、全体が紫色になります。 ❷ これは、首のボーンを変形に使用しないように、アーマチュアの[ボーン]タブから「変形」のチェックを外しているためです。この色は、ボーン名と一致する頂点グループが存在しない状態を示しています。

TIPS

ウェイト値を見やすくする

テクスチャー色が重なってウェイト値がわかりにくい場合は、シェーディングをソリッドにした状態で、

❶ [3Dビューのシェーディング]-[Lighting]を「フラット」、[Color]を「シングル」に変更すると見やすくなります。こうするとテクスチャで描かれた目や鼻の位置がわかりにくくなるので、作業中切り替えて使い分けるといいでしょう。

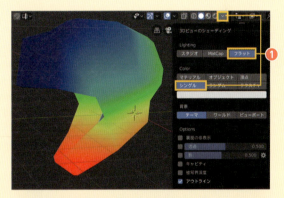

❷ ビューポートオーバーレイから「ウェイトの等高線表示」のチェックを入れると、ウェイトのグラデーションに合わせて目立つ等高線が表示されます。これを使うと、ペイントの色で絵は気付きにくいわずかな値の塗り残しも見つけることができます。

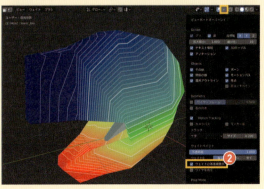

03 ≫ ウェイトペイントで修正する

1 最初に、サイドバーの[ツール]タブを開き、[ブラシ] - [▶オプション]をクリックして展開し、「自動正規化」にチェックを入れます。

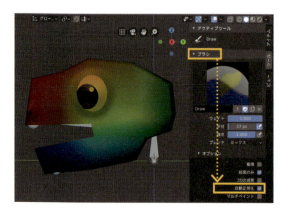

POINT
「自動正規化」は複数ボーンのウェイト合計値が、各頂点「1.000」になるように、選択外のボーンのウェイトを自動で調整してくれる機能です。これを使用しないと、「1.000」のウェイトを入れたのに他のボーンからの影響も受けている状態が発生し、調整がとても難しくなります。また、ゲームエンジンなどへ書き出すときにも悪影響が起こる可能性があるため、自動正規化のチェックは必ず入れるようにします。

または、ウェイトペイントの各機能は、アクティブツールとワークスペースの[設定]タブにまとめられているので、こちらから「▶オプション」を展開して「自動正規化」にチェックを入れても同じ操作になります。
どちらか見やすいほうを使用してください。

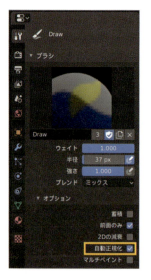

2 実際に頭部のウェイトを修正しながら、ウェイトペイントの機能を体験していきます。
「下顎のボーン（lower_Jaw）」を選択します。下顎だけでなく、頭部にもウェイトの色が広がっており、下顎にもやや緑がかった部分があります。
これを以下の手順で、下顎部分が真っ赤に、それ以外は真っ青になるようペイントしていきます。

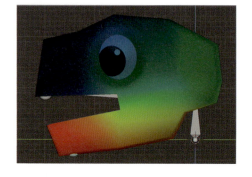

3 修正結果がわかりやすいように、少しボーン変形を行った状態にします。
この場合は口を大きく開いた状態にするといいでしょう。下顎のボーンを回転して口を大きく開けてください。

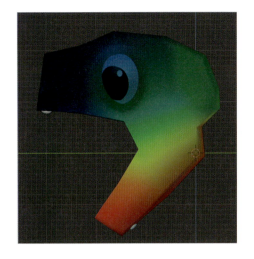

4 サイドバーでブラシの設定を行います。[ウェイト:]と[強さ:]をそれぞれ「1.000」にしてください。
[ウェイト:]の値は、これからペイントするウェイト値の最大値の設定です。
[強さ:]は、「1.000」のとき、ひと塗りで指定したウェイト値になり、低い値だと、重ね塗りで徐々に指定したウェイト値へ近付けていく設定になります。
今回は、下顎と上顎の影響範囲をハッキリと分けたいので、[強さ:]が「1.000」のブラシを作ります。

5 サイドバーの[対称]をクリックして、[ミラー]の[X]を有効化します。これにより、左右どちらかをペイントすると、反対側も同じだけペイントされるようになります。

6. マウスの左ドラッグで、色を塗るように下顎の頂点をなぞっていきます。
ウェイトペイントは面ではなく頂点にペイントしているので、頂点の位置をドラッグしましょう。ペイントすると、ウェイトの値が「1.000」に変化した頂点が移動するのがわかります。
画面を回転させて、口の中や反対側も塗り残しのないようにしてください。

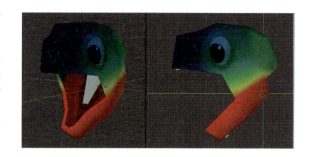

7. 次に上顎のボーンを Ctrl キー＋左クリックして選択します。

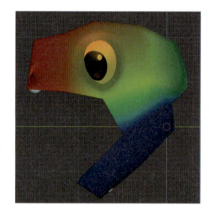

8. 下顎で塗らなかった部分を「1.0」にペイントしましょう。
もし間違った頂点をペイントしてしまったら、 Ctrl + Z キーでやり直すか、ブラシのウェイトを「0.000」にして塗り直すか、下顎のボーンを選択してウェイト「1.000」で塗り直すか、いずれかの方法で修正しましょう。
目的の頂点を赤で塗りつぶすことができたら、オブジェクトモードに戻り、下顎のボーンを回転させても顔や頭部が歪まないことを確認しましょう。

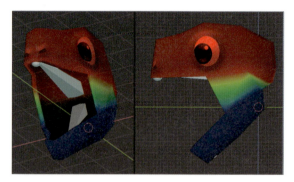

9. ボーンを極端に回転させて、塗り残しがないか隅々までチェックします。
こうすることで、塗り残しに気付くこともあります。

ボーンを極端に動かすとウェイトペイントのミスが見つけやすい

04 》》「ぼかし」ブラシでやわらかく変形させる

1 顔や頭部の歪みはなくなりましたが、口角の開き方が直線的なのが気になります。動物のキャラクターなので、もう少しやわらかい変形を行いたいです。
そこで、ウェイトペイントの「ぼかし」ブラシを使って、ウェイトの境目にぼかしをかけます。

2 ウェイトペイントのツールバーから「ぼかし」を選択します。
これは、ウェイト値をぼかして馴染ませるツールです。口角付近の頂点をクリックするたび、少しずつウェイト値が下がり、反対側のボーンに振り分けられます。変形の様子を見ながら作業し、自然なやわらかさが感じられるように調整します。画面を回して、口の中のウェイトも同じようにぼかしてください。

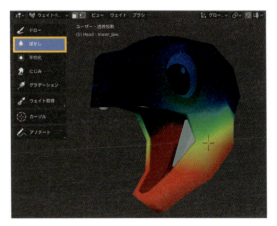

CLEAR ★

完成！

おめでとうございます！
ウェイトペイントで理想的な変形を行うように修正する方法を身に付けました。
同じボーン構造でも、ウェイトペイント次第で、アニメーションしたときのオブジェクトの形状が変わります。きれいなボーン変形を行うように、ボーンを回転させて、変形結果を確認しながらウェイトの値を調整していきましょう。
これは経験を積んで慣れるまで、少し難しいかもしれません。

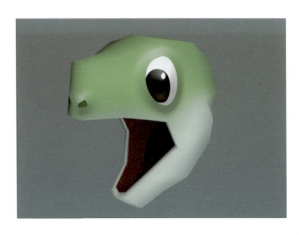

LESSON-14

人型キャラクターにボーンを入れる

人型のキャラクターにボーンを入れる方法を学習します。ボーンの入れ方は用途によって変わるため、あらゆる場合の正解ではありませんが、最初の一歩として、基本的なキャラクターボーンの一例を学習します。
各所のボーンの入れ方については理由も説明するので、手順をなぞるだけでなく、応用できるように理解することを目標にしてください。LESSONの最後には応用問題となるステージを用意しています。手順が多く大変ですが、キャラクターを動かすためには必要な工程ですので、がんばりましょう！

進め方ガイド

『Stage03_Lesson14.blend』を開きます。

キャラクターモデルにボーンを入れます。キャラクターモデルは、腕のボーン設定のしやすさから、Tポーズ（腕を真横に広げたポーズ）やAポーズ（腕を斜めに下ろしたポーズ）と呼ばれる姿勢でモデリングされることが多いです。このレッスンではTポーズで作られたキャラクターを使用します。
「Collection2」には、お手本があります。

01 >>> 腰から頭までのボーンを作る

1 フロント・平行投影ビューにします。
3Dビューのヘッダーから、[追加] - 「アーマチュア」を選択します。3Dカーソルの位置に新しいArmatureが作成されます。
もしカーソルが中心になく、Armatureが異なる位置に作られた場合は、Alt+Gキーを押して中心に戻します。

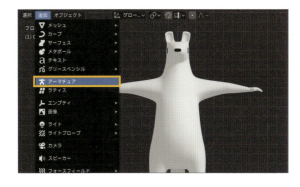

2 アーマチュアがキャラクターモデルに隠れて見えにくいため、[オブジェクトデータ]タブから[▼ビューポート表示] - [最前面]にチェックを入れます。
これによりボーンが見やすくなりますが、常に最前面に表示されるため奥行きがわかりにくくなるデメリットもあります。
必要に応じてチェックのON/OFFをしてください。

3 この1本目のボーンを腰の骨とします。
アーマチュアの編集モードでボーンの根元を選択し、根元が股下の位置にくるようにZ軸方向へ移動します。[移動]ツールで青い矢印をドラッグして移動してください。
ボーンを作成すると、順番に親子関係が作られますが、1番の親は腰の位置に設定します。これは、腰の移動や回転が全身に影響を及ぼす仕組みとなります。

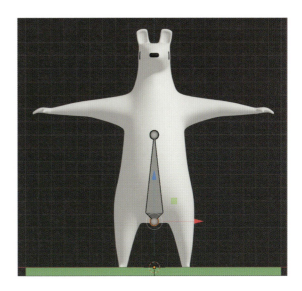

4 ボーンの先端は、おへその高さまでZ軸移動します。

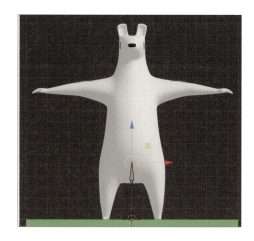

5 ボーンの先端を選択した状態で、[押し出し] ツールを使ってZ軸方向へボーンを押し出します。[押し出し] ツールはギズモ先端の◯をドラッグしてボーンを増やします。図のように腹、胸、首、頭と、順にボーンを押し出しましょう。
ショートカットキーを使う場合は、X方向へに移動しないように、Eキー → Zキーとします。

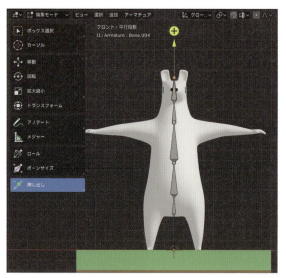

6 ライト・平行投影ビューにします。
[移動] ツールを使い、図のように胴体や首のおよそ中心を通るように、ボーンの前後移動を行います。各ボーンの高さはフロントビューで決定しているため、緑矢印だけを操作します。

02 >>> 片腕のボーンを作る

1 途中から分岐するボーンを作ります。
視点をフロントビューにします。胸のボーンの先端を選択します。[押し出し] ツールでギズモを掴まずに左ドラッグすると、自由な方向へ押し出すことができます。肩の中心あたりまで押し出します。

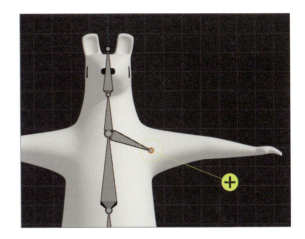

2 続けて [押し出し] ツールを使って手首の位置まで押し出します。

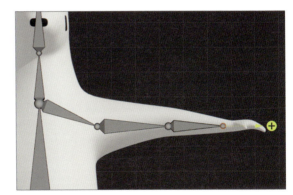

3 続けて [押し出し] ツールで、親指の付け根を越えない程度の、短い手首ボーンを作ります。
手首ボーンを作る理由は、複数の指すべての親とすることで、手首の回転を実現するためです。

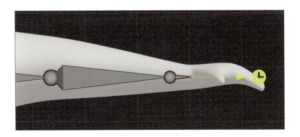

> **POINT**
> 当たり前のように思う手首回転ですが、手首ボーンを作らずに個々の指のボーンを作成してしまうと、手首の回転が指1本ずつの回転になってしまいます（もし指のポーズ付けをしないのであれば、手首から指先まで1本のボーンで済ませられます。

4 このモデルは、親指とその他の指に分かれた手袋のような構造になっていますが、5本指のボーンも、この応用で作ることができます。手首ボーンの先端を選択し、指の付け根の位置まで押し出します。

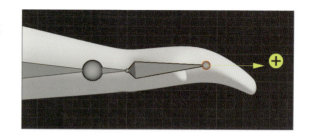

5 続けて指の各関節、指先と、3回押し出します。
必要であれば、関節の位置を移動して整えます。

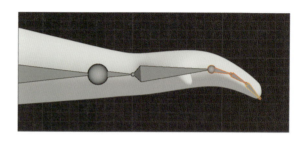

6 次に、親指のボーンを作ります。
3Dビューをトップ・平行投影ビューにします。手首ボーンの先端を選択して、[押し出し]ツールを使って親指の付け根、関節、先端と順に押し出します。
[押し出し]ツールのギズモをドラッグすると、親と同じ方向へまっすぐ押し出すことができます。

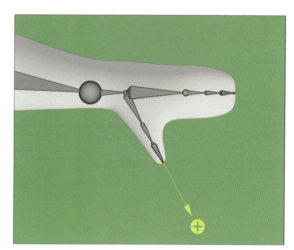

7 ライト・平行投影ビューにします。
親指のボーンの高さを、それぞれZ軸方向に移動して、指のモデルの中央あたりに整えます。

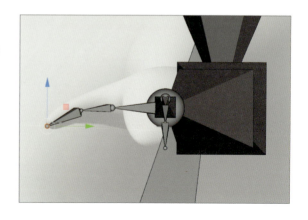

8 できあがったら、画面を回転させてチェックします。

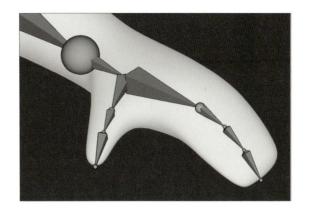

9 腕のボーンの奥行きを整えます。
トップ・平行投影ビューにします。図のように、肩や肘をY軸方向へ移動して、ボーンが腕のおよそ中心を通るように位置を調整します。このとき、肘が少しだけ曲がった状態にするのがポイントです。
こうすることで、肘関節の曲がる方向を示しておきます。

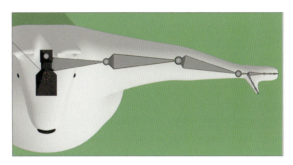

10 鎖骨のボーンの位置を整えます。

① 胸から腕へと繋いでいるボーンを選択し、［ボーン］タブ - ［▼関係］-「接続」のチェックを外します。

② 鎖骨ボーンを選択して、図のように少し移動します。これは、回転の中心をずらすための操作です。一度鎖骨全体を移動してから、根元と先端を個々に移動して調整しましょう。

② 鎖骨ボーンとして扱うため付け根をやや前方へ移動

03 ≫ 片脚のボーンを作る

1 フロント・平行投影ビューにします。
腰のボーンの先端を選択します。[押し出し]ツールで、足の付根まで押し出します。このボーンをアニメーションさせることはありませんが、押し出しを使用して作ったボーンには自動で親子関係が作られるため、関節位置まで繋ぐボーンを作っています。このボーンは使い道があれば残し、なければ削除します。
今回は、膝を曲げたときに、大きなお腹が潰れないようにする役割として残しておきます。

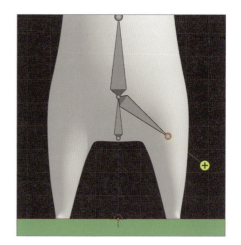

2 続けて膝、足首と押し出します。

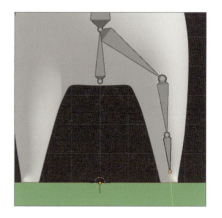

3 手首同様に、足首にも小さな足首ボーンを作ります。真下へ移動するため、押し出し中に Z キーを押して、押し出し方向をZ軸に限定します。

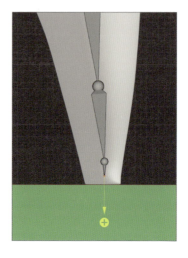

4 ライト・平行投影ビューにして、脚のボーンの奥行きを整えます。
図のように、膝や足首をY軸方向へ移動して、ボーンが脚のおよそ中心を通るように位置を調整します。このとき、膝が少しだけ曲がった状態にするのがポイントです。
こうすることで、膝関節の曲がる方向を示しておきます。

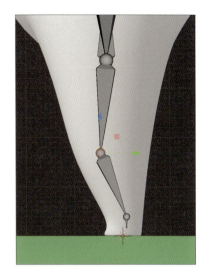

5 足のボーンを作ります。
足首ボーンの先端を選択し、[押し出し]ツールで足指の付け根まで押し出します。続けて[押し出し]ツールで、つま先まで押し出します。
押し出し中にYキーを押すことでY軸に限定した押し出しを行い、地面と平行にします。

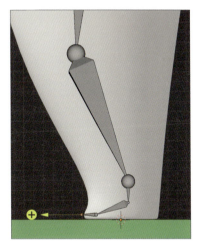

6 つま先のボーンを移動、回転して、モデルの形状に合わせます。

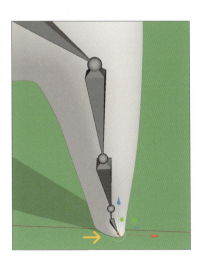

04 ボーンに名前を付ける

1 ボーンには、それぞれどこの部位かわかるように名前を付けます。アーマチュアを選択した状態で[データ]タブ-[▼ビューポート表示]-[名前]にチェックを入れると(❶)、3Dビューに各ボーンの名前が表示されます(❷)。

2
❶ ボーンの名前を一覧するため、アウトライナーの領域を少し大きく表示して、「Armature」の[▼]をShiftキー+クリックで子階層をすべて展開します。アーマチュアを編集モードにした状態で、アウトライナーのボーン名を選択すると、同じボーンが3Dビュー上でも選択されます。

❷ どこのボーンなのか確認できたら、ボーン名をダブルクリックします。
ボーンの名前を書き換えます。
ボーン名は英語で命名するのが安全です。

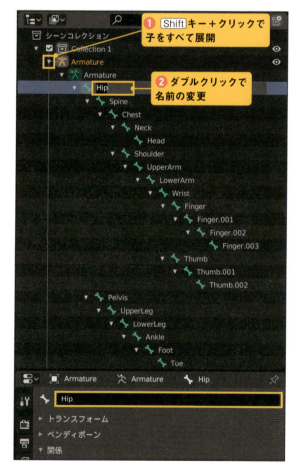

POINT
もうひとつの方法として、アーマチュアの編集モードでボーンを選択し、[ボーン]タブの一番上で名前を変更することもできます。どちらから名前を付けても同じなので、使いやすい方を覚えてください。複数のボーンに同じ名前を付けると、自動的に末尾に.001、.002、.003…と連番が付与されます。これはボーン名にまったく同じ名前を使用することができないためです。指や尻尾など、複数の関節で動かすパーツの命名に使うとよいでしょう。

3 腕と脚の各ボーンは、左右がわかるように、ボーン名の末尾に『.L』や『.R』を書き加えます。
すべてのボーンを選択して、3Dビューのヘッダーから、[アーマチュア]-[名前]-「オートネーム（左右）」を使うと、左側にあるボーンには『.L』を、右側にあるボーンには『.R』を自動で入力してくれます。

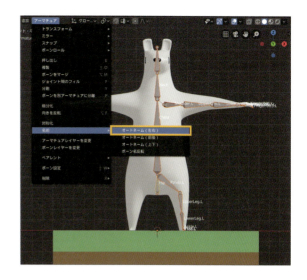

05 >>> 対称化する

右腕と右脚は、Blenderの機能を使って、左腕と左脚の対称コピーを作ります。
すべてのボーンを選択した状態で、3Dビューのヘッダーから、[アーマチュア]-「対称化」を選択します。作成された右腕や右脚のボーン名は左右のルールに従って『.R』に書き換わっています。
ボーンの作成が完了したので、アーマチュアをオブジェクトモードに戻します。

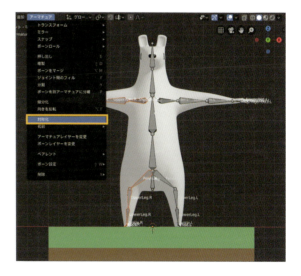

06 ≫ アーマチュアとオブジェクトの関連付けをする

1 オブジェクト、アーマチュアの順に選択して、Ctrl+Pキーを押し、[ペアレント対象] - 「自動のウェイトで」を選択します。

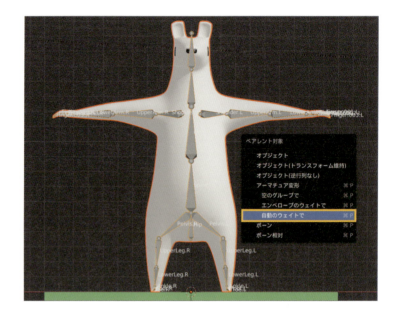

2 オブジェクトを選択して、プロパティウィンドウの[モディファイア]タブを開きます。「サブディビジョンサーフェス(Subsurf)」と「アーマチュア(Armature)」の順番を、各モディファイア右上にある▲▼アイコンをクリックして入れ替えます。モディファイアの効果は上から順に反映されるので、まず少ないポリゴンでアーマチュア変形を行い、その後「サブディビジョンサーフェス」で滑らかにするという順番にします。

3 図は、モディファイアの順番による形状の比較です。モディファイアの順番によって、肩や肘の変形結果が異なることがわかります。

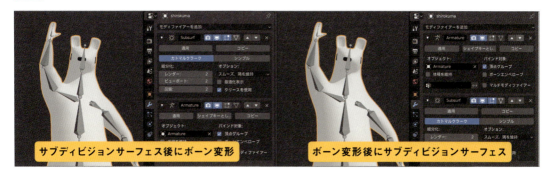

サブディビジョンサーフェス後にボーン変形 / ボーン変形後にサブディビジョンサーフェス

4 アーマチュアモディファイアの、「体積を維持」にチェックを入れます。
体積を維持にチェックを入れると、関節を曲げたときに関節付近が痩せてしまう問題を解消してくれます。
図は、同じポーズで体積を維持にチェックを入れたものと、入れていないものを、重ねて表示しました。

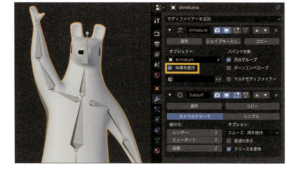

5 アーマチュアを選択してポーズモードに切り替え、各ボーンを回転させて動作の確認を行います。
問題点を探し出すので、関節の可動域の範囲内でヘンテコなポーズを取らせてみましょう。
Alt+Rキーを押せば元のTポーズに戻ります。

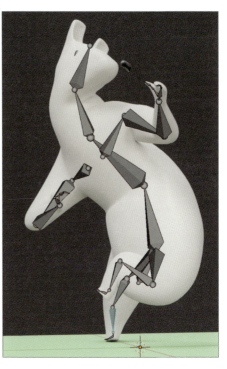

> **POINT**
> 今回は、以下の2か所を直して、修正方法を学びます。
> ・腕を下ろすと首や脇にも変形の影響が出てしまう。
> ・顔を横に向けると目や鼻が正しい位置からずれてしまう。

07 >>> 補助ボーンで変形を修正する

1 図は、Tポーズと腕を下ろした状態を重ねて比較した状態です。首や脇が変形しているのがわかります。
これを抑えるためには、ウェイトの調整よりも、ボーンを追加する方法が簡単です（補助ボーンと呼ばれます）。

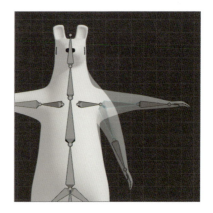

2 アーマチュアの編集モードで、[追加] - 「単一ボーン」で、新しいボーンを作ります。
ショートカットキーを使用する場合は、Shift+Aキーで追加します。縮小や移動を行うので、ボーン本体を選択してください。

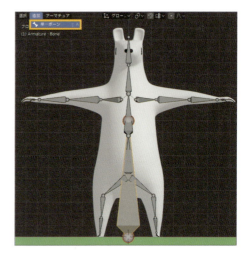

3 このボーンを縮小して、首の横に配置します。奥行きの位置も忘れずに調整しておきましょう。
このボーンは、腕の影響で変形してしまっていた部分を、元の形に維持するよう補助する役割です。

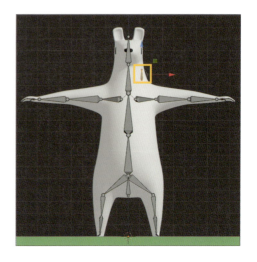

4 首の補助ボーン、首のボーンの順に選択して、Ctrl+Pキーでペアレントします。
[ペアレントを作成]-「オフセットを保持」を選択してください。
これは、現在の位置関係のままペアレントする、という意味です。

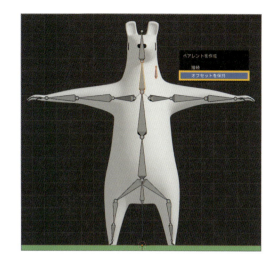

5 同様の手順で、新しいボーンを追加して、脇に配置します。
奥行きの位置も忘れずに調整しておきましょう。

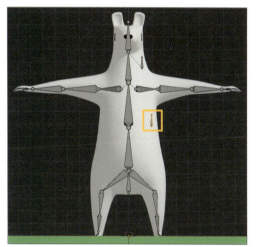

6 脇の補助ボーン、胸のボーンの順に選択して、Ctrl+Pキーでペアレントします。
[ペアレントを作成]-「オフセットを保持」を選択してください。

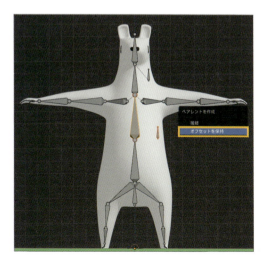

7 胸と脇の補助ボーンに名前を付けます。名前の末尾に「.L」を付けてください。
［アーマチュア］-「対称化」して、反対側にも補助ボーンを作成します。

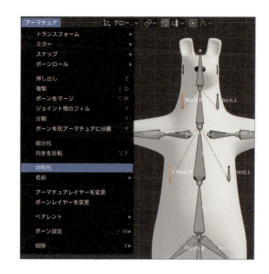

8 アーマチュアをオブジェクトモードにし、オブジェクト、アーマチュアの順に選択して、Ctrl+Pキーでペアレントします。
［ペアレント対象］-「自動のウェイトで」を選択してください。

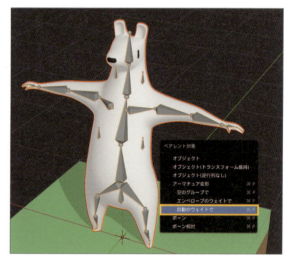

9 アーマチュアをポーズモードにし、腕を回転させて変形をチェックします。図のように首や脇の変形が解消されれば完成です。それでも変形が目立つようなら、すべてのボーンを選択してAlt+Rキーでポーズを元に戻し、アーマチュアの編集モードで補助ボーンの位置を修正、アーマチュアをオブジェクトモードに戻します。
オブジェクト、アーマチュアの順に選択、Ctrl+Pキーでペアレントし直して、ポーズモードで確認を繰り返します。

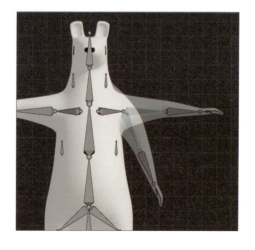

08 ウェイトペイントで変形を修正する

1 ウェイトペイントを行うときは、忘れずに[編集]-「オブジェクトモードをロック」のチェックを解除します。

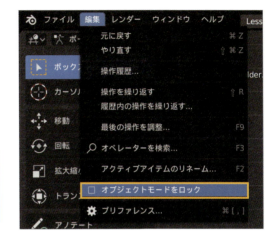

POINT
「オブジェクトモードをロック」のチェックが入っていると、次に行うポーズモードのアーマチュアとオブジェクトの同時選択ができません。

2 顔が横を向くように頭のボーンを回転させると、目や鼻のオブジェクトが顔の中心からズレていきます。これは、近い位置にある頂点のウェイト値に差があるために起こります。ボーン変形にどの程度追従するかの割合が異なるわけです。別オブジェクトで作ったモデルを1つに結合すると、このような事が起こります。
ウェイトペイントでは埋まった頂点がペイントできない場合もあるので、ここでは頂点グループを直接編集して修正する方法を学びます。

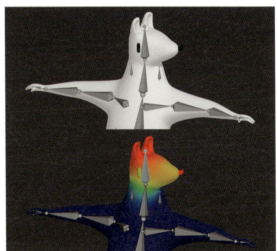

3 編集モードで頭の頂点を選択します。
ライト・平行投影ビューにして、「ボックス選択」や「投げ縄選択」が便利です。ワイヤーフレーム表示にすると裏側の頂点まで選択されます。

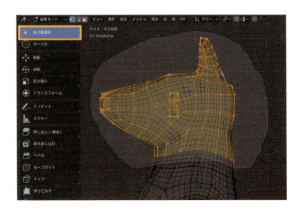

4 ［オブジェクトデータ］タブから［▶頂点グループ］を展開して表示します。
［▶頂点グループ］から「Head」を選択し、ウェイト「1.000」の状態で［割り当て］ボタンを押します。

5 Nキーでサイドバーを表示して、目の頂点をひとつ選択します。［▼頂点ウェイト］に、この頂点に使用されている頂点グループ名が表示されます。
両目を確認するとHeadのほかに、Neck、Neck.L、Neck.Rが使用されています。これらを合計すると「1.000」を超えてしまうので、Head以外の頂点ウェイトの影響をなくしていきましょう。

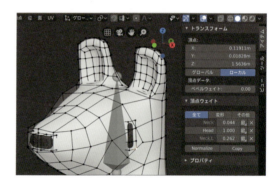

6 ❶ ウェイトペイントに切り替えて、［ウェイト］-「すべてを正規化」を選択します。「Head」以外の細かな値を「0.000」にします。

❷ 頂点ウェイトの確認は編集モードで行います。

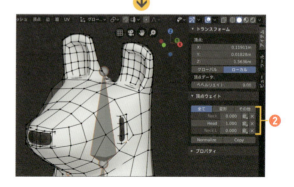

7 ① [ウェイト] - 「クリーン」を使い、左下の設定 [▶頂点グループを削除] から [使用部分] - 「All-GROUP」を選び、「0.0」のウェイトを各頂点から削除します。

② 編集モードで確認すると、[▼頂点ウェイト] から「Head」以外のウェイトが消えています。

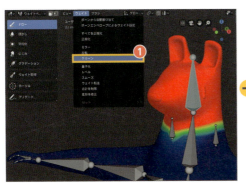

8 ① 首の変形が極端なので、「平均化」や「にじみ」ブラシで境目をなめらかにします。

② Alt + R キーでボーンの回転を戻した状態がブラシを操作しやすいですが、きれいに変形するか R キー→ Z キーでボーンを回転して確認しましょう。

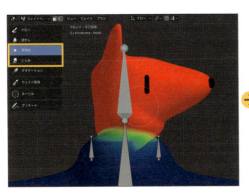
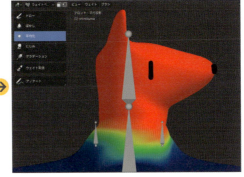

9 最後にオブジェクトモードで確認します。首の回転に顔のパーツが追従するようになりました。

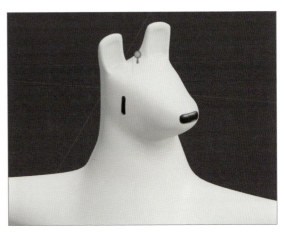

09 ≫ スムーズ（修正）モディファイアーを使う

スムーズ（修正）モディファイアーを使用することで、ボーン変形後の形を、よりなめらかに仕上げることができます。
このモディファイアーは見栄えを良くする調整に便利ですが、必須ではありません。

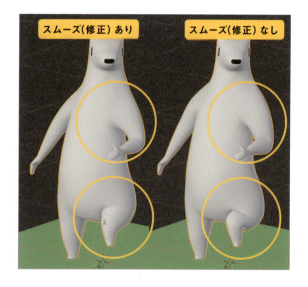

1 モディファイアから［変形］-「スムーズ（修正）」を選択します。

2 ❶ ［サブディビジョンサーフェス］モディファイアーよりも下に配置されると、「△元の頂点数が合いません」と警告が出て、効果を発揮しないので、スムーズ（修正）モディファイアーの▲ボタンをクリックして、モディファイアーの順序を入れ替えます。

❷ ［アーマチュア］モディファイアーのすぐ下に配置されるようにしましょう。これで効果が確認できます。

> **POINT**
> 効果の強さは、係数とリピートの値で調整します。モデルの形やボーンの入れ方によって加減は異なるので、実際に数値を変えて、変化する様子を見ながら決定しましょう。

3 効果をかけたくない部分には、新しい頂点グループ（図ではグループ名：「Group」）を作り、ウェイトペイントを行います。

[データ] タブの [▼頂点] グループ、右側の ➕ ボタンをクリックすると、新しい頂点グループがリストの一番下に作成されます。3Dビューのヘッダーからウェイトペイントへ移り、[▼頂点グループ] から「Group」を選択して、効果をかけたくない部分にペイントします。図では、肩、肘、膝には元のままの変形を使用したい、という意味のペイントを行っています。

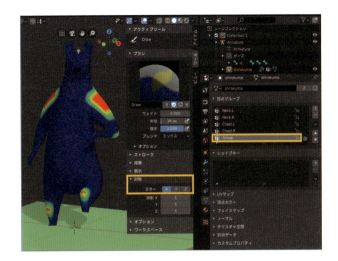

POINT
このとき、[対称] の [ミラー] から [X] を有効にしておくと、左右同じ値にウェイトペイントが行えて便利です。

4 [修正スムーズ] モディファイアーの [▼頂点グループ] から「Group」を選択し、すぐ右にある ⇄ ボタンをクリックします。

POINT
⇄ ボタンは、頂点グループで指定されたウェイト値に対しての、有効無効を反転させるボタンです。ウェイトペイントで、効果をかけたくない部分を塗った場合、このボタンをクリックする必要があります。

10 ≫ 回転軸を限定する

1 肘や膝は、一方向にしか曲がらない関節です。ところがボーンは自由な方向へと回転できるため、ここでは誤操作を防ぐ仕組みを作ります。

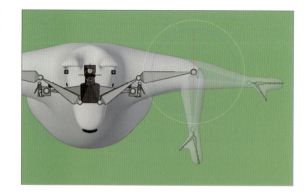

2 アーマチュアのポーズモードで、[オブジェクトデータ]タブを開き、「座標軸」にチェックを入れます。

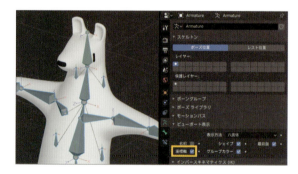

3 肘の不要な回転をロックします。
ポーズモードで前腕のボーンを選択し、ボーンの先端に表示されている[X:]、[Y:]、[Z:]の矢印を確認して回転をロックする軸を決めます。このモデルは肘が後ろを向いている状態なので、X軸、Y軸をロックして、Z軸のみ回転可能になるのが理想です。
[ボーン]タブに移り、[▼トランスフォーム]から、回転の[X:]、[Y:]それぞれの南京錠ボタンをクリックして、鍵のかかったアイコン🔒に切り替えます。

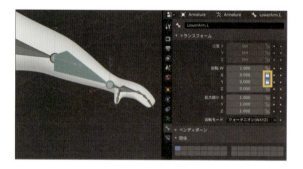

4 トランスフォームのロックができたら、[回転] ツールに切り替えて動作を確認します。
[回転] ツールのギズモにZ軸の青しか表示されず、どのようにドラッグしても正しい回転軸で回転します。
また、ショートカットキーのRキーを押した場合も、回転軸を指示する必要がありません。
もう片方の腕も同様に、回転のロックを行いましょう。

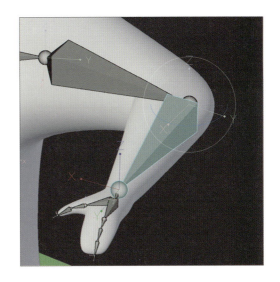

5 両脚の脛のボーンも同様に、回転のロックを行い、動作を確認しましょう。
すべて正常に動作することを確認したら、[オブジェクトデータ] タブを開き、**2** で入れた「座標軸」のチェックを外します。

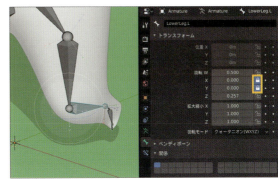

CLEAR ⭐

完成！

おめでとうございます！
キャラクターにボーンを入れる方法を身に付けました。

今回の入れ方は基本であって、唯一の正解ではありません。キャラクターのボーンは腰が一番の親になりますが、たとえば「ダンスを作るため、腰を振っても上半身が動かないようにしたい」など、さまざまな目的に合った入れ方が考案されています。自分の目的に応じてアレンジ方法を調べてみると、よりアニメーションが作りやすくなるでしょう。

STAGE 3-1 CHALLENGE!

キャラクターのボーン設定

ここまでで学んだ、ボーンの作成、関連付けを利用して、キャラクターのボーン設定を完成させよう！
LESSON14と同じ構造のキャラクターで、ひととおりの操作を覚えているか確認しましょう。

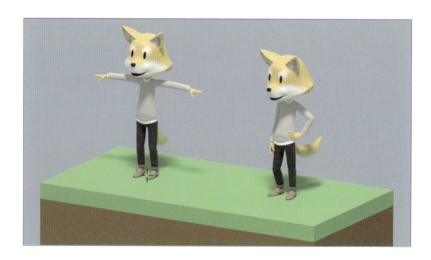

進め方ガイド

『Stage3-1_Challenge.blend』を開きます。

LESSONファイル
3-1 → Stage3-1_Challenge.blend

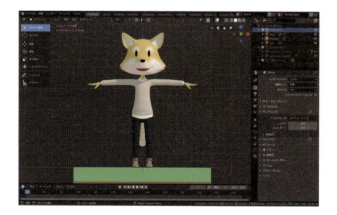

キャラクターモデルにボーンを設定して、ポーズを付けてください。
「Collection2」に、ボーンとウェイトを設定してポーズを付けた、お手本があります。まったく同じ構造にする必要はありませんが、5本指や尻尾、耳や口を動かすためのボーンの参考にするといいでしょう。
作業手順の紹介はありません。自分の力で完成を目指しましょう。

手首足首のボーンを忘れないで！

尻尾のボーンも、付け根まで押し出してから作るよ。尻尾のボーンができたら、腰から付け根までのボーンは消しても大丈夫

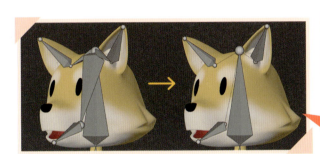

耳や口を動かしたいなら、回転の中心になる付け根までボーンを伸ばしてから作ろう。耳や口のボーンができたら、中間のボーンは削除したほうがスッキリするね

STAGE 3-1 クリア！

おめでとうございます！
継ぎ目のないキャラクターモデルにボーンを入れて、自由にポーズを付けられるようになりました。
次のステップでは、キャラクターをアニメーションさせるのに便利な、IKという機能を学びます。

≫ 楽しいポーズを付けてレンダリングしたら、ハッシュタグ #箱うし本 でSNSに投稿しよう！

STAGE 3-2 | IKですべらない足を作る

インバースキネマティクス（IK）という技術を使って、足の先端を操作し、操り人形のようにポーズを作れるよう設定します。ここまでに学んだ、根本のボーンから1つずつ回転してポーズを作る方法は、フォワードキネマティクス（FK）と呼ばれます。IKとFKは、どんなアニメーションを作りたいかによって使い分けるため、それぞれの利点も考えてみましょう。

LESSON-15

キャラクターのボーンにIK設定を行う

キャラクターアニメーションの最中に、キャラクターの足と地面がすべってしまわないように、IKの設定を行います。身体が動いても足の位置がずれないようになるため、歩く、しゃがむ、など、地面に接した状態でのポーズやアニメーションがとても作りやすくなります。もちろん、キャラクターの足以外にもさまざまな場面で応用できる便利な機能です。LESSONの最後には応用問題となるステージを用意しているので、実際に操作しながらIKの設定を覚えましょう！

進め方ガイド

『Stage3_Lesson15.blend』を開きます。シーンには、ボーンとウェイトを設定済みの、犬のキャラクターモデルがあります。このキャラクターの両足にIKの設定を行います。「Collection2」にはIK設定済みのお手本があります。

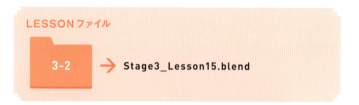

LESSONファイル
3-2 → Stage3_Lesson15.blend

01 ≫ IKがどのようなものか触ってみる

1 設定方法を学ぶ前に、レイヤー2のお手本を操作して、IKがどのようなものなのか把握しましょう。目のアイコン◎をクリックし、「Collection1」を非表示にして、「Collection2」を表示します。

2 ① 腰のボーンを選択します。マニピュレーターの青い矢印をドラッグして、腰の高さを下げるとどうなるか見てみましょう。両足が固定されており、膝が自動的に曲がるのがわかります。

② 反対に、腰のボーンを上方向へ移動し、脚の長さよりも遠くなると、足首のボーンが離れ、モデルの形状は伸びてしまいます。これはIKでのポーズ作りの悪い例です。脚の長さの範囲内でポーズやアニメーションを作るように心がけましょう。

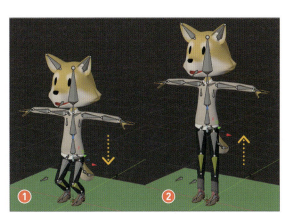

3 続けて、腰の回転を試します。
多少膝を曲げた状態で、Rキーを押して回転します。Rキー→X・Y・Zキーでそれぞれの軸での回転や、Rキー→Rキーでトラックボール回転を行ってみてください。足の位置がずれることなく、左右の膝が自動的に曲がる様子がわかります。
Alt+Gキーで元の位置に、Alt+Rキーで元の角度に戻ります。

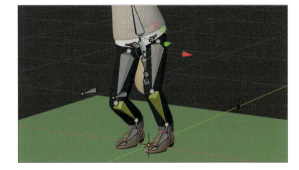

4 左足首のボーンを選択します。
これはIKを使って脚のポーズを作るために設定されたボーンで、IKの「ターゲット」と呼ばれます。上方向へ移動し、動作を確認します。自動的に膝が曲がり、脚の長さの範囲内でポーズが取られました。

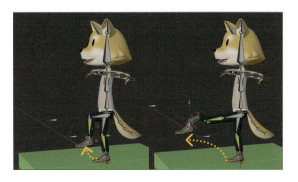

> **POINT**
> 脚の長さを超えた移動をすると、足首ボーンが離れてしまいます。腰の移動と同様に、脚の長さの範囲内でポーズを作りましょう。

5 続けて、足首のボーンを回転して、動作を確認します。
足のボーンはすべて足首のボーンの子であるため、足の向きが変わりました。このように、IKターゲットは、位置と回転を操作してポーズを作ります。Alt+Gキーで元の位置に、Alt+Rキーで元の角度に戻ります。

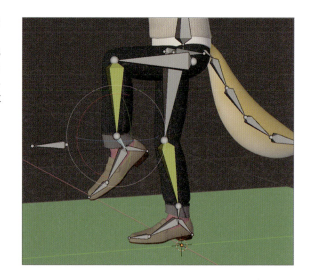

6 ここでは膝の向きの操作を説明しますが、膝が曲がっているとわかりやすいので、腰の高さを少し下げます。

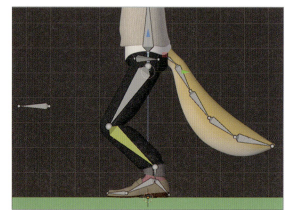

7 図のように見下ろすような視点にして動作を確認します。
膝の先にあるボーンを選択します。これはIKの「ポールターゲット」と呼ばれます。移動して動作を確認します。移動すると膝の向きがポールターゲットのほうを向き続けているのがわかります。
IKの操作説明は以上です。次からはIKの設定方法を学びます。

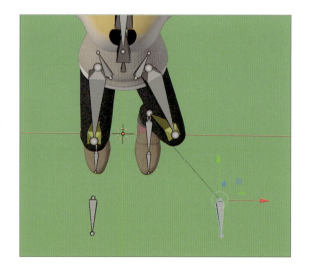

02 » 足首のペアレントを解除する

「Collection2」を非表示、「Collection1」を表示し、IKの設定方法を学習します。それぞれの設定の意味を理解し、自分の作ったキャラクターにも応用できるように、手順を覚えながら進みましょう。
アーマチュアを選択し、編集モードにします。「足首（Ankle.L）」を選択して、Alt+Pキーを押し、[ペアレントをクリア]-「親子関係をクリア」します。これは、子が親を動かすという状況になるのを防ぐためです。もし親子関係のままIKを設定すると、足首を移動することができなくなります。

03 » 脛のボーンにインバースキネマティクス(IK)を追加する

1. IK設定は、[ボーンコンストレイント] タブにある、「インバースキネマティクス（IK）」でほとんどの設定を行います。設定項目が多いので、それぞれの意味を把握しましょう。
「アーマチュア」を選択し、ポーズモードにします。「左脛（LowerLeg.L）」を選択し、[ボーンコンストレイント] タブから [ボーンコンストレイント追加]-[トラッキング]-「インバースキネマティクス（IK）」を追加します。

2. ❶ IKの設定項目から、「ターゲット：」に「Armature」を選択、「ボーン：」には「Ankle.L」をそれぞれを選択してください。

❷「チェーンの長さ：」を「2」にします。これは、このIK設定で、いくつ親のボーンまでコントロールするのか、という設定です。脛、腿の2つで「2」にしました。初期値の「0」だと、全身がグニャグニャ動きますので、ボーンの構造に合わせて適切に設定しましょう。

3 ターゲットのボーンに設定した「足首（Ankle.L）」を移動して、IKが正常に動作しているか確認します。
もしここで腿や脛が動かなかった場合、ここまでの手順をもう一度見直しましょう。
確認ができたら、Alt+Gキーで足首の位置を、元に戻しておきます。

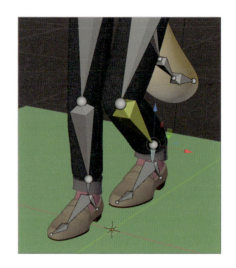

04 ≫ ポールターゲットを作成して、膝の向きを指定する

1 次に、膝の向きを指定するための、ポールターゲットを作ります。
アーマチュアの編集モードに移り、膝の球部分を選択して、Eキー→Yキーで手前に押し出します。右脚にも同じようにボーンが作られます。
これは、[アクティブツールとワークスペースの設定] タブにある [▼オプション] - 「X軸ミラー」にチェックが入っているためです。

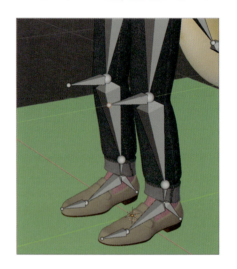

2 作成したボーンを選択し、Alt+Pキーで [ペアレントをクリア] - 「親子関係をクリア」します。

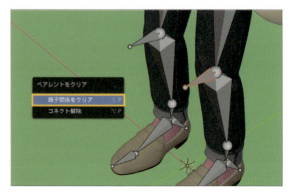

3 ［移動］ツールで緑の矢印をドラッグして、手前に移動します。

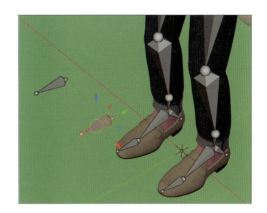

4 これらのボーンに名前を付けます。
［ボーン］タブへ移り、左は「poleLeg.L」、右は「PoleLeg.R」とそれぞれ命名します。アウトライナーでボーンの名前をダブルクリックして変更することもできます。

5 アーマチュアのポーズモードに移り、［ボーンコンストレイント］タブでIKの「ポールターゲット：」に「Armature」を、「ボーン：」に「LowerLeg.L」を選択し、「PoleLeg.L」をそれぞれ指定します（文字数が省略され、ポル..と表示されています）。

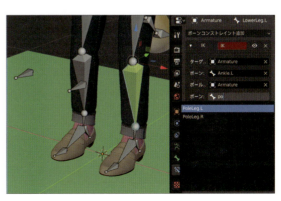

POINT
ボーンの数が多いので、図のように、「po」くらいまで入力すると、候補が絞られて選択しやすくなります。

6 ❶ ポールオブジェクトが足の移動や回転に追従するように、ペアレントを行います。アーマチュアの編集モードへ移り、「PoleLeg.L」を選択します。

❷ [ボーン] タブの「▼関係」「ペアレント」に、足首である「Ankle.L」を設定します（これは、「PoleLeg.L」、「Ankle.L」の順に選択して、Ctrl+Pキーからオフセットを保持でペアレントするのと同じ結果になります。ボーンの親子関係を確認するときに頻繁に使うため、ここでは [ボーン] タブからペアレントする方法を紹介しました）。

7 アーマチュアのポーズモードで、足首が移動や回転したときに、ポールオブジェクトも一緒に動くことを確認してください。

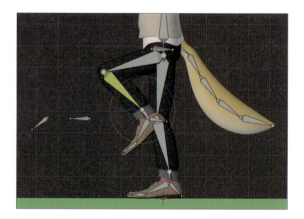

05 》》 右脚のIK設定を行う

1 復習です。右脚のIK設定を順に行いましょう。少しだけ簡単になるショートカットなどを紹介します。

アーマチュアの編集モードに移り、「足首（Ankle.R）」を選択します。[ボーン] タブの「ペアレント」が空欄でなければ、「ペアレント」に設定された名前の右にある✕ボタンをクリックしましょう（04の❻、❷）。これはAlt+Pキーで親子関係のクリアをするのと同じ結果になります。

2 ① アーマチュアのポーズモードに移り、「足首」「脛」の順に選択、Shift+Iキーを押し、[IKのターゲット選択]-「アクティブボーン」を選びます。これは、IK設定のショートカットで、「ボーンコンストレイント」の「インバースキネマティクス(IK)」と「ターゲットボーン」の設定までを行ってくれます。

② 03の②と同様に、[ボーンコンストレイント]タブを開き、「チェーンの長さ:」を「2」に設定します。

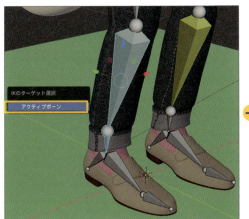

3 引き続き、「ポール:」を「Armature」に、「ボーン:」を「PoleLeg.R」に設定してください。すると、図のように、逆関節になってしまいます。

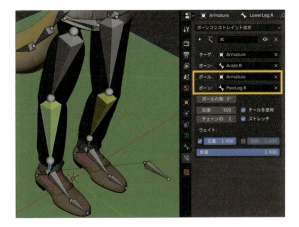

4 「ポールの角度:」を「180°」にします。膝の向きが直りました。
念のため、ポールターゲットを左右に動かして、膝の向きが正しく動くか確認しましょう。

> **POINT**
> ポールの角度は、いつも180度とは限りませんし、左脚の設定を行う必要が出るかもしれません。大切なのは、膝の向きがポールターゲットのほうを向くように設定することです。

06 ≫ カスタムオブジェクトを設定する

1 足首のボーンが小さくて選択しにくいので、カスタムオブジェクトという機能を使って、見た目を変更します。[追加] - [メッシュ] - 「立方体」で立方体を追加します。
オブジェクトの名前をわかりやすく変更しておきます。「Custom_Leg」など、自分で見返したときに目的のわかる名前にしましょう。

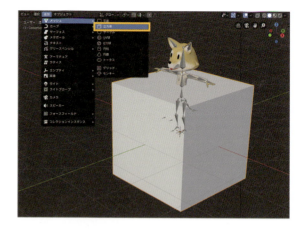

2 編集モードに移り、Deleteキー（またはXキー）で削除メニューを開き、[削除] - 「面だけ」を選択します。
これは、カスタムオブジェクトがキャラクターの一部を隠さないための対策です。

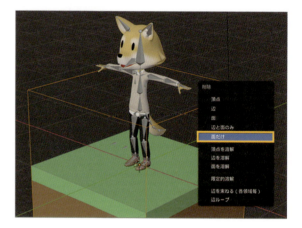

3 「足首のボーン（Ankle.L）」を選択し、[ボーン] タブの [▼ビューポート表示] - 「カスタムオブジェクト」から、さきほど作った「立方体（Custom_Leg）」を選択します。
これで足首ボーンが目立って、選択しやすいようになりました。「反対側の足首（Ankle.R）」にも同様に設定を行いましょう。

4 カスタムオブジェクト用に作った立方体は別のコレクションに移動して非表示にします。Mキーで[コレクションに移動]を開き、「+ New Collection」を選択します。

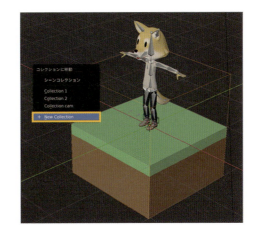

5 コレクションに名前を付けます。「CustomObject」と入力して、[OK]ボタンをクリックします。

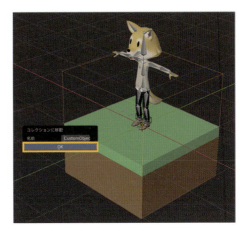

6 アウトライナーで「CustomObject」の目のアイコンをクリックして、非表示にします。

CLEAR ☆

完成！

おめでとうございます！
IKでのポーズ付けに慣れるため、犬のキャラクターにポーズを付けてみてください。脚のポーズを付けるには、足首のゴールオブジェクトの移動、回転。それにポールオブジェクトの移動で膝の向きを指定します。腰の移動や回転を行っても足が固定されているのも便利なポイントです。
IKによって自動的に動く腿や脛のボーンには、移動や回転の操作をしないようにしましょう。

STAGE 3-2 CHALLENGE!

キャラクターのIK設定

ここまで学んだ、IKの設定を思い出しながら。キャラクターの脚にIK設定を完成させよう！
LESSON15と同じ構造のキャラクターで、ひととおりの操作を覚えているか確認しましょう。

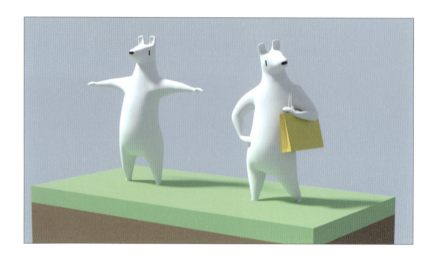

進め方ガイド

『Stage3-2_Challenge.blend』を開きます。

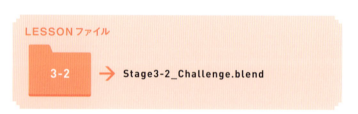

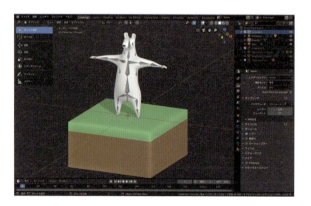

シーンには、シロクマのキャラクターモデルと、アーマチュアがあります。
両脚をIKで操作できるように、IKのゴールオブジェクト、ポールオブジェクトの設定を完成させてください。
作業手順の紹介はありません。自分の力で完成を目指しましょう。

足首ボーンが小さいけれど、近づいて探してね。カスタムオブジェクトを使うと操作しやすくなるよ

「インバースキネマティクス（IK）」のチェーンの長さを設定し忘れると、全身が動いちゃうから気をつけよう

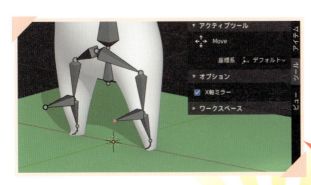

両足のポールターゲットを同時に作るには、アーマチュアの編集モードで「X軸ミラー」にチェックを入れよう

STAGE 3-2 クリア！

おめでとうございます！
IKを設定して、足の滑らないアニメーションを作る準備ができるようになりました。
IKは、ポーズを付けた静止画を作るときにも、自然な姿勢が作りやすくなるので重宝します。
次のステップでは、IKを使用したアニメーションのコツを学びます。

STAGE 3-3 ボーンとIKのアニメーション

IKを使用したアニメーションを作ります。IKを使うと接地した足を固定できるため、腰や全身の複雑な動作が描きやすく、より自然なアニメーションが作りやすくなります。キャラクターデザインが現実的であればあるほど、アニメーションもそれに比例して現実的な動きが必要になるので、IKのアニメーションは手放せない技術となるでしょう。

LESSON-16

IKを使用した歩行アニメーションを作る

IKでのポーズ付けやアニメーションに慣れるため、簡単な歩行アニメーションを作ります。FKでの歩行アニメーションとは異なり、IKでは一歩一歩足を踏み出して前進させていきます。脚の長さに対して歩幅が広すぎると、せっかくのIKが台無しになってしまうので、キャラクターの足の長さと可能な歩幅に注意します。LESSONの最後には応用問題となるステージを用意したので、実際に操作しながらIKアニメーションの扱い方に慣れましょう！

進め方ガイド

『Stage03_lesson16.blend』を開きます。
ボーンとIKを設定したキャラクターのモデルと階段があります。操作する必要のないボーンは非表示にしています。非表示は H キー、表示は Alt + H キーでできます。キャラクターが前進して、階段を上るアニメーションを作ります。「Collection 2」にお手本があります。

01 >>> 最初のポーズを作る

歩行を始める前に、自然に立っている初期ポーズを作ります。これまでのSTAGEで学んだ操作を以下の手順でも行いましょう。

① 歩行を始める前に、自然に立っている初期ポーズを作ります。アーマチュアを選択して、ポーズモードに切り替えます。[回転]ツールを使って、Tポーズから腕をおろします。肘も軽く曲げましょう。ポーズに悩んだら、自分で同じポーズをとって参考にするのが基本です。指を少しだけ曲げます。力を抜いたときの自分の指を観察してポーズをつけると、リラックスした印象になります。

② 口を閉じます。必須ではありませんが、口を開けっ放しで歩くのはアニメーションになると違和感があります。

③ ポーズができたら、1フレームに全身のキーフレームを作りましょう。Aキーですべてのボーンを選択して、Iキーでキーフレームを作ります。このシーンでは、「LocRot(位置と回転)」にキーフレームが作られるように、アクティブキーイングセットが設定されています。

02 >>> すり足で前進する

1

① IKで作るアニメーションは、最初におおまかなポーズを作って、少しずつ中間の動作を作り込んでいくのがポイントです。歩行の場合は、最初にすり足で前進するアニメーションを作ることで歩幅を決めて、次に足を持ち上げる動作を作る、といった手順になります。

② 20フレームで右足を前進させます。
一時的に足首が伸びてしまいますが、次のステップで修正します。

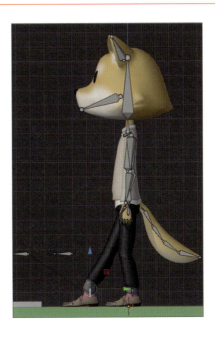

2 腰の位置を、両脚の間くらいで少し高さを低くした、両膝が伸び切らない位置に移動して、歩行しているポーズを作ります。

① 左右の上腕も少し回転させて、腕を振っている様子を表現します。

② すべてのボーンを選択してキーフレームを作ります。左足は移動していませんが、「このフレームまで、ここで止まっている」というキーフレームを作るのが、IKアニメーションを作るポイントです。これを忘れると、両足が滑って前進してしまうミスが発生します。

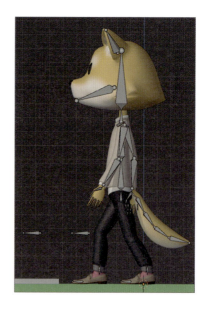

POINT
ボーンのキーフレームは、ボーン1本ずつ別のオブジェクトのように固有のキーフレームを持ちます。慣れないうちは「作ったはずのキーフレームがなくなった！」と焦りがちですが、落ち着いて、いま選択しているボーンがどれか確認しましょう。

3 40フレームに移動し、同様に歩行しているポーズを作ります。

① 左足は階段に乗せましょう。足元を拡大表示して、移動中に Shift キーを押しっぱなしにすると、移動がゆっくりになり、細かな位置調整がしやすいです。

② ポーズができたら、忘れずにキーフレームを作りましょう。キーフレームを作る前にフレーム数を変更してしまうと、せっかく作ったポーズが元に戻ってしまいます。

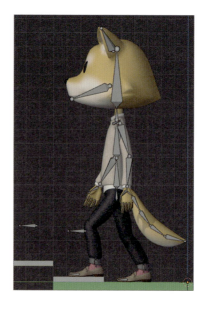

03 ≫ すり足から歩行へ

1 すり足から、歩行へと仕上げていきます。

① 最初の半歩は 1 〜 20 フレームで前進しているので、間の 10 フレームに足を持ち上げるポーズを追加します。

② 10 フレームへ移動し、右足首のボーンを選択します。移動と回転を使って、つま先の位置はあまり変えずに、かかとが持ち上がったようなポーズを作ります。中間フレームでは、調整を行ったボーンにだけキーフレームを作ります（本書ではこの間のフレームを中間フレームと呼びます）。ここでは、右足首にだけキーフレームを追加しましょう。

2 左足は、20 〜 40 フレームで前進しているので、間の 30 フレームに足を持ち上げるポーズを追加します。

① 30 フレームへ移動し、左足首のボーンを選択します。移動と回転を使って、膝から右脚を追い越していくイメージでポーズを作ります。足首の回転は、つま先が下を向いている状態にします。足首がどの程度回転できるか、自分の足で確認してみましょう。

② 腰の高さも変更します。体重を支えている右脚の膝が自然に伸びるように、腰の高さを移動しましょう。

③ 左足首と腰のボーンにキーフレームを作ります。

3 35 フレームに移動して、より細かな動きを作り込みます。

① 左足首を選択し、回転でわずかにつま先が上がった状態にします。アニメーションの途中で階段にぶつかってしまわない程度に位置の調整も行います。

② 左足首にだけキーフレームを作ります。このときの足の位置と角度で、アニメーションのなめらかさや印象が大きく変わります。何度も再生しては微調整して、ちょうどよいポーズを探してください。

4　同様に、最初の一歩も着地直前につま先を上げます。

① 10フレームと20フレームの間の、15フレームに移動します。右足首を選択し、回転でわずかにつま先が上がった状態にします。かかとの位置を、20フレームで着地する位置に近くなるように調整します。

② 右足首にだけキーフレームを作ります。何度も再生を繰り返して、違和感のない位置、角度に調整してください。

5　① 20〜30フレームでの後ろ足の滑りを調整するため、25フレームに移動します。

② 20フレームでのつま先の位置をよく確認し、25フレームのポーズでもつま先の位置がずれないように移動し、左足首にだけキーフレームを打ちます。

③ 位置のズレを確認するには、キーフレームを作った後に、前後のキーフレームへジャンプするショートカットキー、▲キー、▼キーが役立ちます。

04 》》 階段を上る

階段を上るアニメーションは平地の歩行と同じ手順で作れますが、もしIKを使わなかったら、接地表現のとても困難なシチュエーションです。7段上らせるのは少々手間に感じるかもしれませんが、しっかり覚えるための反復練習ですので、一歩ずつ丁寧に仕上げていきましょう。

1　① 60フレームに移動して、右足を次の段に乗せます。続けて腰の位置を移動して姿勢を整えます。

② 上腕を回転させて、腕を逆方向へ振ります。Aキーですべてのボーンを選択してキーフレームを作ります。
その場に留まる左足にも忘れずにキーフレームを作ることが、IKアニメーションのポイントです。

2 まずアニメーション全体を把握するため、上りきって緑の床を踏むまでの、20フレームおきのポーズをすべて作ります。
最後は両足を揃えて、立ちポーズに戻りましょう。

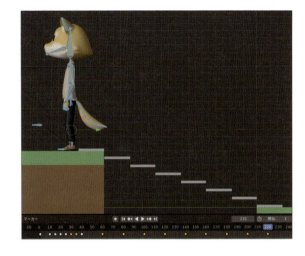

3 平地を歩くときと同様に、中間フレームを作ります。

①　40〜60フレームの間の50フレームで足と腰を持ち上げ、つま先を下げます。足と腰のボーンにキーフレームを作ります。

②　続けて、50フレームと60フレームの間の55フレームでも足の位置を調整します。上りなのでつま先は上げず、前後のフレームでつま先が階段にぶつからないポーズを作ります。足にキーフレームを作ります。

③　すべての歩行アニメーションに、同様の中間ポーズを作ります。

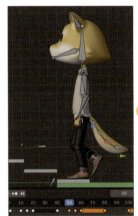 

4 両足が地面にペタッと接地していると違和感がありますので、タイミングをずらします。

①　左足を選択し、後ろになっているタイミングのキーフレームをすべて選択します。

②　マウスカーソルがタイムライン上にある状態で、ショートカットキー[G]キー→[-][3]して、3フレーム前へ移動します。

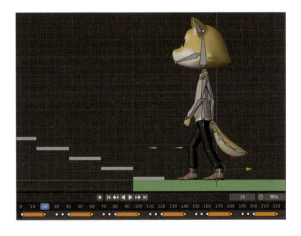

5 ① 次に左足が前に来ているタイミングのキーフレームをすべて選択します。

② マウスカーソルがタイムライン上にある状態で、ショートカットキー G キー → 3 して、3フレーム後ろへ移動します。

6 つま先から着地して階段を踏みしめる様子を描きます。

① 80フレームに移動し、つま先から着地するポーズを作ります。83フレームと比較してつま先の位置がずれない位置に移動してください。

② 120フレーム、160フレームにも同様のポーズを作ります。

7 右脚も同様にタイミングをずらします。つま先から着地するポーズも作りましょう。

8 両足が同じようにタイミングの調整ができたら完成です。
最初から通して再生し、気になるところは調整して仕上げましょう。また、アニメーションのスピードを変えたい場合は、すべてのボーンを選択し、タイムラインは1フレームに移動した状態で、Sキーで拡大縮小による調整を行うことができます。

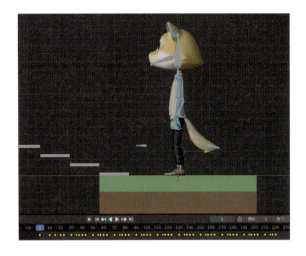

CLEAR ⭐

完成！

おめでとうございます！
足にIKを使用したキーフレームアニメーションを作れるようになりました。
腰の回転、胸の回転、頭の回転、正面から見たときの重心移動、腕の揺れなども意識してアニメーションを作り込むと、より完成度を高めることができます。
また、作例は操作を学ぶためにシンプルなアニメーションを作りましたが、慌てて階段を上る、ワクワクしながら階段を上る、上り疲れてヘトヘトである、といった場面を想像しながら作ると生きたキャラクターに見えてきますので、ぜひチャレンジしてみてください。
YouTubeなどで検索すると、正面や真横から撮影された歩行映像を見つけることができるでしょう。

STAGE 3-3 CHALLENGE!

IK アニメーション

ここまでで学んだ、IKアニメーションを応用して、シロクマが歩くアニメーションを完成させよう！
LESSON16と同じ構造のキャラクターですが、足が短いので、歩幅に注意しながら作りましょう。

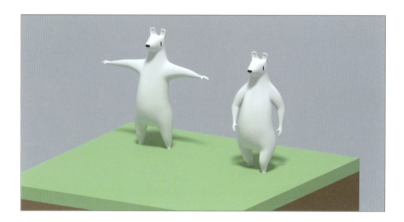

進め方ガイド

『Stage3-3_Challenge.blend』を開きます。
脚の長さに注意して、IKゴールが足首から離れないようにポーズを作ります。アクティブキーイングセットは「LocRot（位置/回転）」に設定されています。
「Collection2」にお手本のアニメーションがあります。作業手順の紹介はありません。自分の力で完成を目指しましょう。

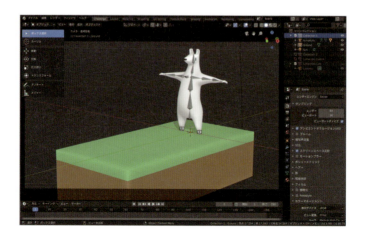

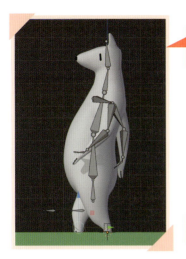

最初は交互に足を出すキーフレームを作るよ。止まってる足にもキーフレームを忘れずに！

次に中間ポーズ。追い越す足を持ち上げて、腰の高さも考えようね

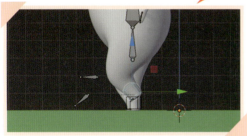

最後は両足を揃えて立ち止まろう。立ち止まった状態で微妙に揺れてると生き物らしくなるよ

STAGE 3-3 クリア！

おめでとうございます！
IKを使った、足の滑らないアニメーションにも、もう慣れましたね。
次のステップでは、ボーナスステージとして、便利なテクニックをいくつか紹介します。

≫ 出力先を指定してアニメーションレンダリングができたら、#箱うし本でSNSに投稿しよう！

BONUS STAGE

BONUS STAGEでは、アニメーション作りに必須ではないものの、おもしろい表現のできる機能を紹介します。
チャレンジ問題はありませんが、「こんなこともできるのか」と記憶にとどめておくことが大きな経験値となるでしょう。

STAGE-1

Bボーンでやわらかく曲げる

ボーンをなめらかに曲げるために便利な、「Bボーン」の使い方を学習します。通常、ボーンでなめらかな変形を行う場合、多くのボーンと対応するウェイトが必要になりますが、Bボーンを使うことで、少ないボーンとウェイトで滑らかに曲げることが可能になり、ポーズを作るのに操作するボーンの数も減るので、アニメーションを作る負担も減ります。

進め方ガイド

『BonusStage_01.blend』を開きます。

シーンには、学習用のアーマチュアとキャラクター（IK設定済み）を1セットとして、左右に2セットあります。右側の1セットはお手本です。左側の1セットにBボーンを設定して、やわらかく曲げる方法を学びます。

01 ≫ Bボーン表示に切り替える

① 学習用アーマチュア(「Armature_Study」)を選択して、[オブジェクトデータ]タブを見ます。

② [▼ビューポート表示] - 「表示方法」を「八面体」から「Bボーン」に切り替えます。

③ ボーンの見た目が直方体に変わりました。

02 ≫ Bボーンのセグメントを増やす

① 「アーマチュア」を編集モードに切り替えて、中央のボーンを選択します。

② [ボーン]タブを開き、[▼ベンディボーン] - 「セグメント」の値を増やします。これは、1本のボーンを何分割するかの値です。図では「5」に設定していますが、オブジェクトの変形結果を見ながら、いつでも変更可能です。
前の工程で、表示を「Bボーン」に変更したのは、セグメントの数をプレビューできるためです。

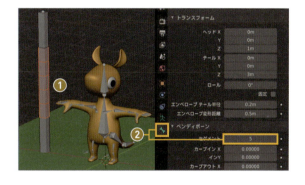

03 ≫ Bボーンを曲げる

1　ポーズモードに切り替えます。
先端のボーンを選択して回転させると、それに合わせて「Bボーン」がやわらかく曲がります。

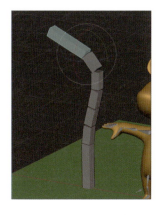

2 先端のボーンを Alt + R キーでまっすぐに戻し、次は中央のボーンを回転させます。すると、根本のボーンに合わせるように、「Bボーン」がやわらかく曲がります。

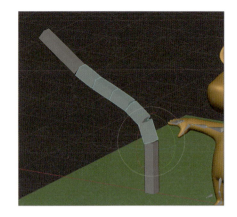

3 中央、先端のそれぞれのボーンを回転させると、「Bボーン」はそれぞれの影響を受けて、弧を描いたり、S字に曲がったりと、曲線状に曲がります。立体的な回転を加えても、同様になめらかな曲線を描きます。

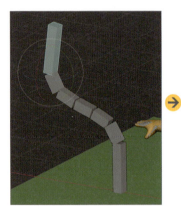 →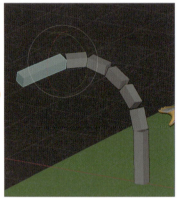

> **POINT**
> セグメントを増やした「Bボーン」は、接続された親ボーンと子ボーンそれぞれに影響を受けるので、挟まれた状態が一番操りやすい状態になります。また、接続された親ボーンも子ボーンもない状態では、いくらセグメントを増やしても、やわらかく曲がることはありません。

04 》》 イーズイン / イーズアウト

1 「Bボーン」の曲がり加減を調節する「イージング」の設定を、見比べながら把握しましょう。
[ボーン] タブの「▼ベンディボーン」-「イーズイン」は根元側、「イーズアウト」は先端側の曲がり加減を調節できます。

① 図はイーズイン、イーズアウトともに初期設定の「0.000」の状態です。

② なだらかにS字カーブが描かれます。

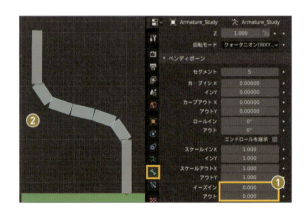

2

❶ イーズアウトは「0.000」のまま、イーズインを「-1.000」にした状態。

❷ 親ボーンとのつながりに、やわらかさがなくなりました。

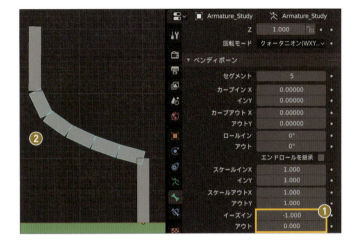

3

❶ イーズインを「0.000」に戻し、イーズアウトを「-1.000」にした状態。

❷ 子ボーンとの繋がりに、やわらかさがなくなりました。

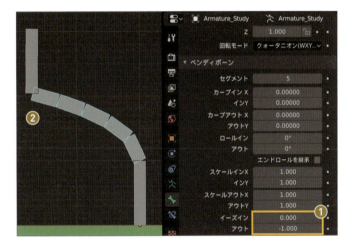

4

❶ イーズアウトを「-1.000」のまま、イーズインを「1.000」にした状態。

❷ 親ボーンの影響が強くなり、膨らんだ曲線状になりました。

5
① イーズアウトを「1.000」に、イーズインを「-1.000」に、それぞれ入れ替えた状態。

② 子ボーンの延長で膨らむ曲線状になりました。

6
① イーズイン、イーズアウトともに「-1.000」にした状態。

② 完全に直線となります。一見セグメントを増やすメリットがないように見えますが、ひねりに対して、セグメントの数だけ穏やかに回転するメリットがあります。

7
① イーズイン、イーズアウトともに「1.000」にした状態。

② 親ボーン子ボーンの影響が強く、S字カーブがより強く描かれます。
「▼ベンディボーン」の中の項目は、どれも根元から先端への変化を設定するものです。[イージング]以外もの数値も、同様に操作して形の変化を見ておくとよいでしょう。

05 ≫ キャラクターの尻尾にBボーンを使う

1 キャラクターの尻尾を「Bボーン」でやわらかく曲げます。
まずキャラクターの「アーマチュア（Armature）」を選択して、[オブジェクトデータ]タブの「▼ビューポート表示」-「表示方法」をBボーンに切り替えます（デフォルトでは「八面体」）。

2 尻尾のボーン「(Tail.001)」を選択し、[ボーン]タブでセグメントの数を増やします。図では「4」にしました。

3 続けて、尻尾の先のボーン「(Tail.002)」を選択して、セグメントの数を増やします。図では「4」にしました。

4 ポーズモードで尻尾の各ボーンを回転させて、曲がり方を見てみます。イーズイン/イーズアウトの調整は、ボーンを回転して、曲がり具合を見ながら行いましょう。
2本のボーンを操作するだけで、尻尾がやわらかいカーブを描いて曲がるようになりました。

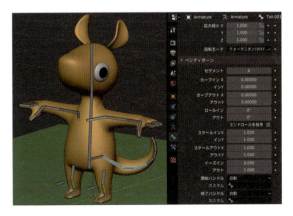

STAGE-2

ストレッチで伸縮させる

IKで脚のポーズやアニメーションを作るとき、IKのターゲットが脚の長さより遠くに移動すると、そのぶん足首が伸びてしまいます。これは良くない状態ですが、アニメーションの表現として脚の伸縮を描きたいときもあります。ストレッチを使用すれば、簡単なコントロールで楽しい伸縮アニメーションが描けるようになります。

進め方ガイド

『BonusStage_02.blend』を開きます。

シーンには、学習用のアーマチュアとキャラクター（ボーン設定済み）を1セットとして、左右に2セットあります。
右側の1セットは、設定済みのお手本です。左側の1セットにストレッチを設定して、ボーンを伸縮させます。

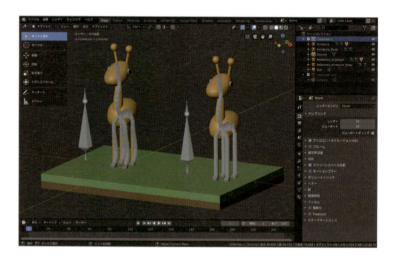

01 》》》［ストレッチ］コンストレイントを追加する

1 「学習用アーマチュア（Armature_Study）」を選択して、ポーズモードに切り替えます。
真ん中の大きなボーンを選択して、［ボーンコンストレイント］タブの［ボーンコンストレイント追加］-［トラッキング］-「ストレッチ」を選択します。

2 ［ボーンコンストレイント］タブ-［▼ストレッチ］-［ターゲット：］から「Armature_Study」を選択します。
［ボーン：］には「Bone.002（先端のボーン）」を選択します。

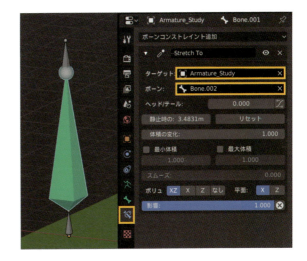

3 ❶ 編集モードに移り、「Bone.002」を選択します。
❷ Alt+Pキーで［ペアレントをクリア］-「親子関係をクリア」します。

4 ポーズモードに移り、「Bone.002」を移動すると、ストレッチを設定したボーンが伸び縮みする動作が確認できます。

02 ≫ キャラクターの脚と首にストレッチを設定する

1　「ストレッチ」と「Bボーン」を組み合わせることで、まるで伸縮自在のIKのようになります。
キャラクターの「アーマチュア（Armature）」を選択して編集モードに切り替えます。
頭の「ボーン（Head）」を選択して（❶）、Alt+Pキーで［ペアレントをクリア］-「親子関係をクリア」します（❷）。

2　ポーズモードに移り、[ボーンコンストレイント]タブで「ストレッチ」を追加して（❶）、[ターゲット:]を「Armature」、[ボーン:]を「Head」とします（❷）。

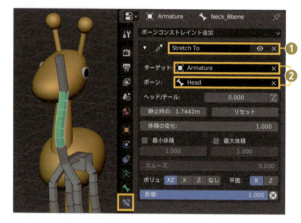

3　頭の「ボーン（Head）」を選択して移動すると、「ストレッチ」と「Bボーン」の効果で、首がやわらかく伸縮する様子が確認できます。

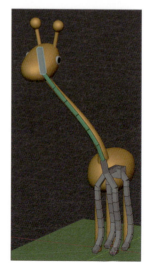

4 次に脚のストレッチ設定を行います。
1 と同様、編集モードに移り、足の先ボーン4つの親子関係をクリアします（Alt+Pキーで［ペアレントをクリア］-「親子関係をクリア」）。ひとつずつでも、4つまとめてでもかまいません。

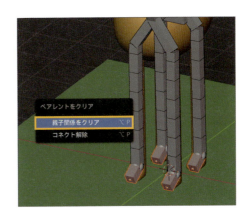

5 ポーズモードに移り、脚のボーンそれぞれに、1本ずつストレッチを設定していきます。
［ターゲット：］はすべて「Armature」ですが、ボーンはそれぞれの足先ボーンの名前を選択します。左前なら「Foot_Front.L」という名前、右後ろなら「Foot_Rear.R」という名前です。foまで入力すると、「Foot_○.○」以外のボーン名が表示されなくなるので探しやすくなります。

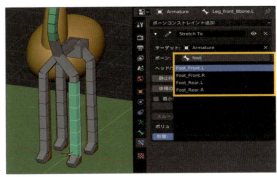

6 4本脚すべて設定が終わったら、「腰のボーン（Hip）」を選択、移動して動作を確認します。
4本の脚と首がやわらかく曲がりながら伸縮する様子を確認できます。個々の足先も移動してみましょう。キーフレームを作れば、面白い歩行アニメーションを作ることができます。

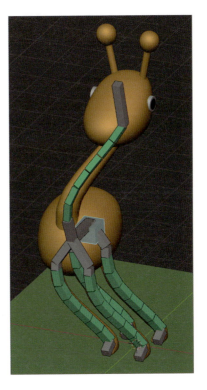

STAGE-3
シェイプキーで表情を動かす

キャラクターの感情を伝えるのに表情の変化は効果的です。
いくつかの表情を用意して切り替えることで、アニメーションがグッと生き生きしてきます。シェイプキーという機能を使えば、元の表情から異なる表情への変化を記録してアニメーションすることができます。もちろん表情に限った機能ではありません。
仕組みを理解すると、さまざまなアイデアが湧いてきますよ。

進め方ガイド

『BonusStage_03.blend』を開きます。

シーンには、学習用の立方体、キャラクター（ボーン、シェイプキー設定済み）を1セットとして、左右に2セットあります。
右側の1セットは、アニメーション済みのお手本です。レイヤー2に配置されています。
左側の1セットにアニメーションを設定して、シェイプキーの使い方を学習します。

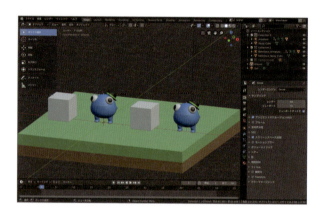

01 》》 シェイプキーの効果を知る

最初に、[スペースキー]でアニメーションを再生して、シェイプキーによる形状変形の効果を確認します。最初にオタマジャクシのキャラクターから見比べていきましょう。

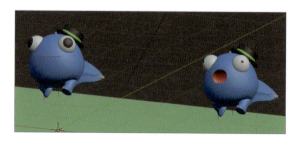

POINT
シェイプキーを使うと、頂点の移動を記録して、徐々に変化するアニメーションを作ることができます。ビックリして叫ぶ――この作例のように、表情の変化を描くのにも使われます。

02 » シェイプキーを操作する

1 「オタマジャクシ（Otama）」のキャラクターを選択して、[オブジェクトデータ]タブを開きます。
「▼シェイプキー」の中の各項目が、作成済みのシェイプキーのリストです。最初の口を閉じた状態は、「Mouth_-」という名前のシェイプキーの値を「1.000」に設定した状態で、モデリングしたままの形状は「Basis」という名前になります。

2 「Mouth_-」を選択して、値を「0.000」にします。操作する数値はシェイプキー名の右の数値か、枠下の「値」の数値の、どちらか覚えやすいほうにしましょう。
これで「Basis」以外のシェイプキーが「0.000（無効）」になるため、もともとの形状である、「Basis」の形になります。

3 他の「▼シェイプキー」も形を見てみましょう。「Mouth_o」と「Mouth_O」をそれぞれ「1.000」にして形状を確認します。ひとつのシェイプキーを「1.000」にするとき、他のすべての「▼シェイプキー」を「0.000」にしないと、合成された形状になることに注意してください。また、シェイプキーの値を意図して合成することで、用意した形状よりも幅広い表現力を得ることもできます。

4 シェイプキーの値を合成する例として、「Mouth_o」を「1.000」、「Mouth_O」を「0.800」合成することで、縦長の口を作ることができました。他の組み合わせも試してみましょう。

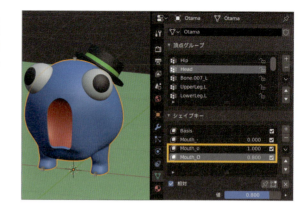

5
① 「最大」の値を「1.000」よりも大きくすると、「値」の上限が上がります。
② 「1.000」以上の値を入れること（図は1.200）で用意したシェイプキーよりも強く変形させることができます。シェイプキーの頂点変形は直線的なので、その延長線上へと誇張されます。

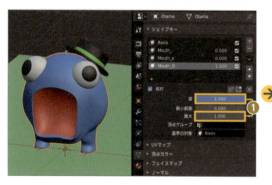 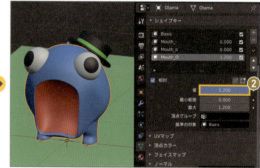

💡 TIPS

印象的な表情づくりのコツ

驚く表情など、アニメーションが急変化するときには、一瞬だけ120％くらいに行き過ぎてから100％へ戻すと、より印象付けることができます。

目にもシェイプキーが設定されているので、目のオブジェクトを選択して動作を確認します。
目のシェイプキーは、[評価時間:]を操作することで、黒目が小さくなる～目玉が大きくなるという連続的な変形を行います。このようなコントロールをしたい場合は、「相対」のチェックを外すことで、Basis～Key1～Key2と、順番に変形するようになります。各シェイプキー横に表示された値は、その形状になる評価時間です。

03 ≫ シェイプキーアニメーションを作る

1 作例と同じボーンアニメーションが設定されているので、シェイプキーを使って、びっくりする表情のアニメーションを作りましょう。口の表情から設定していきます。

❶ はじめに「10〜20フレーム」で口を開くアニメーションを作ります。
「オタマジャクシ（otama）」の胴体を選択して、「10フレーム」へ移動します。ここまでは変化しない、という意味でこのままの値でキーフレームを作ります。シェイプキーを選択して、[値]の上にマウスカーソルを重ね、Iキーを押してキーフレームを作ります。

❷「Basis」以外のすべてのシェイプキーに同じ操作を行ってキーフレームを作ります。Blenderでは、このように多くの値やチェックボックスにキーフレームを設定することが可能です。

2 次に、「20フレーム」へ移動し、「Mouth_-」を「0.000」にしてキーフレームを作成、「Mouth_o」を「1.000」にしてキーフレームを作成、「Mouth_O」はそのままの値でキーフレームを作成します。

> **POINT**
> 変化していないシェイプキーにもキーフレームを作るのは、意図せず表情が変わってしまうのを防ぐためです。

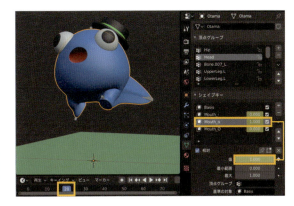

3「25フレーム」で一気に口を開きます。
ここは一瞬120％の変形を行いたいので、「Mouth_O」の最大を「1.200」にして、値を「1.200」まで上げられるようにしましょう。「Mouth_-」と「Mouth_o」は、それぞれ「0.000」でキーフレームを作ります。

4 「30フレーム」で「Mouth_O」の値を「1.200」から「1.000」に戻します。

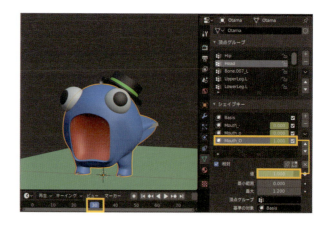

POINT
一瞬オーバーに変形して戻す、この表現を理解するために、自分の口や頬の動きを意識しながら、「ワッ!」とびっくりした演技をしてみましょう。一瞬大きく開いてから顎の開きや頬の力みが抜ける感覚がわかると思います。

5 続いて、目のシェイプキーアニメーションを作ります。「13～19フレーム」で点目になります。

① 目のオブジェクトを選択して、「13フレーム」へ移動します。

② [評価時間:]の上にマウスカーソルを重ねて[I]キーを押し、キーフレームを作成する事で、1～13フレームまでは同じ目の大きさを維持します。「相対」のチェックを外しているときは、シェイプキーすべてを評価時間の値ひとつでコントロールするので、シェイプキーを個々に選択する必要はありません。

6 ① 「19フレーム」に移動します。

② [評価時間:]を「10.000」にしてキーフレームを作ります。
この「10.000」という値は、[▼シェイプキー]のKey1に到達する値です。

7 「19〜23 フレーム」までは点目のまま維持します。
「23 フレーム」に移動して、[評価時間:]を「10.000」のままキーフレームを作ります。

8 「23〜26 フレーム」で目を巨大化させます。
「26 フレーム」に移動して、[評価時間:]を「20.000」にしてキーフレームを作ります。

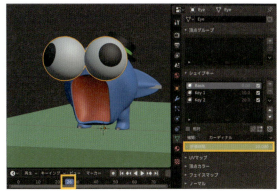

9 「26〜28 フレーム」で、巨大化した目を少しだけ小さく戻します。
これは口と同じく一瞬だけ極端に大きくする手法ですが、「相対」のチェックを外しているとき、[評価時間:]をいくら大きくしても、用意した形状以上には変形しません。
そこで、「Key2」のシェイプキーである「20.0」を極端な大きさとして扱い、「18.0」まで戻すことで、これを表現します。
「28 フレーム」に移動して、[評価時間:]を「18.000」にしてキーフレームを打ちます。

これでお手本と同じシェイプキーアニメーションの完成です。

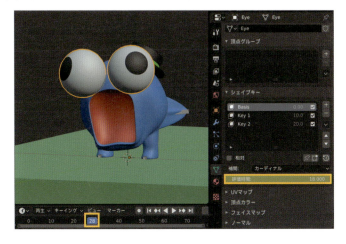

04 ≫ シェイプキーの作り方

1 学習用の「立方体(Study_Cube)」を使って、シェイプキーの作り方を学びます。立方体を選択して、[オブジェクトデータ]タブの[▼シェイプキー]を見ますが、何も登録されていません。

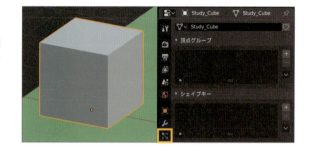

2 [▼シェイプキー]の一覧右の+ボタンをクリックして、新しいシェイプキーを作ります。1つ目に作られるのは「Basis」という名の、元の形状を記憶しておくシェイプキーになります。

3 2と同様にシェイプキーをもうひとつ追加します。「Key1」という名で新しいシェイプキーが作られます。このシェイプキーを選択した状態でオブジェクトの形を変形させると、その形状がシェイプキーとしてKey1に記録されます。

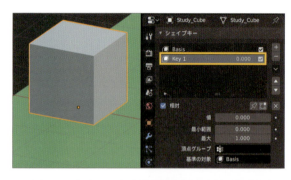

4 立方体のオブジェクトモードから、編集モードへと移ります。

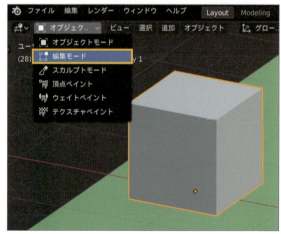

5　変形に必要なポリゴンはシェイプキーを作る前に用意しておく必要があるため、この立方体はポリゴンを分割してあります。
ここでは立方体が球体に変形するシェイプキーを作ります。

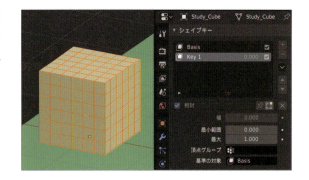

6　[Alt]+[Shift]+[S]キーを押してから、マウスを右側へ大きく移動させます。十分に丸くなったら左クリックして確定します。
これは [球へ変形] という機能です。

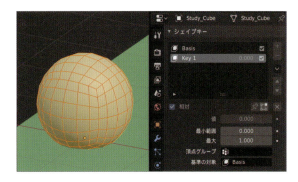

7　編集モードからオブジェクトモードに戻ります。すると元の立方体に戻ってしまいますが、これはシェイプキー「Key1」の値が「0.000」になっているためです。
「Key1」の値を左ドラッグして、徐々に上げてみましょう。立方体から球体へと姿を変えていくのが確認できます。

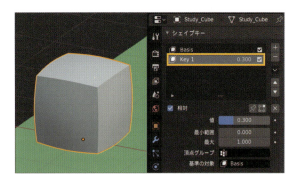

8　確認のためアニメーションを作りましょう。「10フレーム」で「0.000」、「30フレーム」で「1.000」、「50フレーム」で「0.000」の値になるようキーフレームを作ることで、作例と同じように立方体から球体へ、球体から立方体へと変化するアニメーションができあがりました。

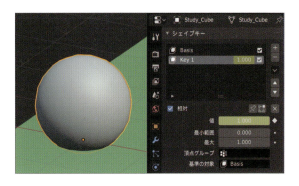

9 さらにシェイプキーをもうひとつ追加します。「Key2」という名で新しいシェイプキーが作られます。

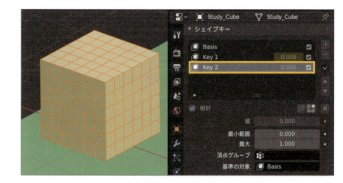

10 「Key1」同様に、Alt+Shift+Sキーで球へ変形します。

11 S→0キーで0まで縮小します。オブジェクトが完全に見えなくなるまで縮小した状態です。

12 「相対」のチェックを外します。「10フレーム」で評価時間「0.000」のキーフレームを作り、「50フレーム」で評価時間「20.000」のキーフレームを作ります。
これで「Basis」から「Key1」に、「Key1」から「Key2」へと順に変形していくアニメーションができあがりました。
シェイプキーの編集では、ポリゴン数が変わるような追加や削除を行わず、形の変形だけで作ることを忘れないようにしましょう。

STAGE 4

パーティクルと物理演算

STAGE 4-1 | パーティクル

パーティクルについて学習します。パーティクルは無数の粒子のアニメーションを作る技術です。発生したあとは重力に従って落下するので、必要に応じて風を吹かせコントロールします。粒子には描画するためのオブジェクトを設定することで、雨や雪、火花や噴水、無数に転がるボール、一斉に飛び立つ風船などなど、大量のあらゆるものをアニメーションさせることが可能です。

LESSON-17

パーティクルを発生させる

パーティクルの発生についての基本的な設定を学びます。パーティクルは設定項目が多く、一見難しそうに見えるかもしれませんが、いくつかの設定を覚えるだけでも頻繁に使う表現を作ることができます。値を変更することで、どのような動きに変化するのか、体験して覚えることが大切です。
LESSONの最後には応用問題となるステージを用意しているので、実際に操作しながらパーティクルの表現力を楽しみましょう！

進め方ガイド

『Stage04_Lesson17.blend』を開きます。

それぞれ色分けした、「平面(Plane)」と「UV球(Sphere)」と「ICO球(Icosphere)」があります。
「Collection 2」には、パーティクル表示に使用するオブジェクトが2つ配置されています。
これらにパーティクルを設定して、パーティクルの発生について学びます。

01 ≫ パーティクルを作成する

1 一番左の「平面(Plane)」を選択し、[パーティクル]タブから ╋ ボタンをクリックし、新規パーティクルを作成します。

2 図のように、新しいParticle Settingsがリストに追加されます。[Shift]+[◀]キーで最初のフレームに戻り、[スペースバー]でアニメーションを再生すると、平面からたくさんの点（パーティクル）が発生します。最初に、発生する量と発生時間、パーティクルが消えるまでの寿命について学びましょう。
以下の各項目の数値を変更し、アニメーションを再生して結果の違いを確認してください。

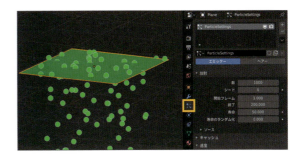

POINT
[▼放射]の[数]は発生するパーティクルの総数で、[開始フレーム]と[終了]の間がパーティクルを発生している期間です。長時間発生し続ける雨のような設定から、一瞬だけパッと放たれる火花のような設定まで、ここで行います。
[寿命]は発生したパーティクルが消滅するまでのフレーム数で、[寿命のランダム化]はパーティクルごとの寿命をランダムに短くして消滅タイミングをバラつかせます。

02 ≫ パーティクルの速度を設定する

1 発生する瞬間のパーティクルの速度を設定できます。
[▼速度]-[ノーマル]、[オブジェクトの方向]の値を調整します。「ノーマル」の値を高くすると、発生源の面の向きへの初速が早くなります。「オブジェクトの方向 [X]、[Y]、[Z]」それぞれの値は、各方向への初速が早くなります。

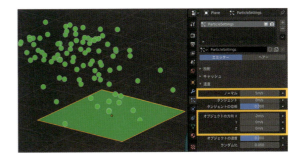

2 ノーマルの値を「0m/s」に、[Z]の値を「5m/s」にします。最初のフレームからアニメーションを再生すると、上に打ち上げられる状態になりました。

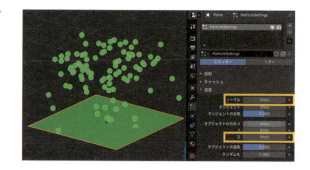

3 この状態で、平面を選択して回転させ、アニメーションを再生します。
発生する方向から、グローバル（このシーン全体）のZ方向ではなく、ローカル（エミッターになっているオブジェクト）のZ方向への速度であることがわかります。

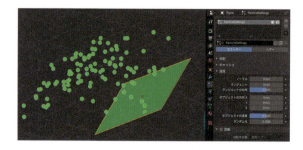

4 発生方向をバラバラに散らしたいときは、[▼速度] - [ランダム化]の値を上げることで、周辺に散り広がるようになります。

03 ≫ パーティクルをレンダリングに表示する

1 ❶ 中央の「UV球（Sphere）」を選択し、[パーティクル]タブから╋ボタンをクリックし、新規パーティクルを作成します。

❷ [▼速度]-[ノーマル]を「10m/s」にして、UV球の各面の向いている方向へパーティクルが散る様子を確認します。

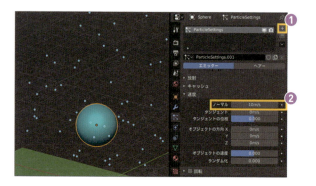

2 アニメーションを再生した状態で、[▼物理演算]-[▼力]-[減速]の値を調整します。この値を上げると、勢いよく飛び出したパーティクルを減速させることができます。

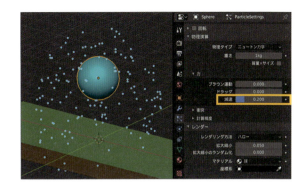

3 ❶ [▼レンダー]-[レンダリング方法]を「オブジェクト」に切り替えます。

❷ すぐ下のインスタンスオブジェクト（図ではインスタンスオブジェ…と省略）の空欄をクリックして、「Particle_Plane_01」を選択します。

4 パーティクルが矢印型のオブジェクトに置き換わりましたが、このままでは小さくてよく見えません。
[▼レンダー]-[拡大縮小]の値を大きくして、パーティクルに置き換えられた矢印型のオブジェクトがはっきり見えるようにしましょう。

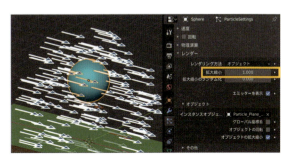

5
① [▼回転]にチェックを入れます。
② [▼回転]-[ダイナミック]にチェックを入れます。アニメーション再生すると、矢印オブジェクトがパーティクルの進行方向を向くようになりました。

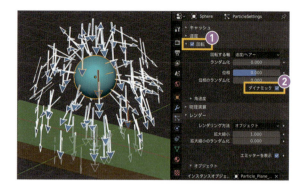

6 F12キーを押してレンダリングします。[▼レンダー]-[エミッターを表示]にチェックが入っていると、発生源のオブジェクトも表示されます。

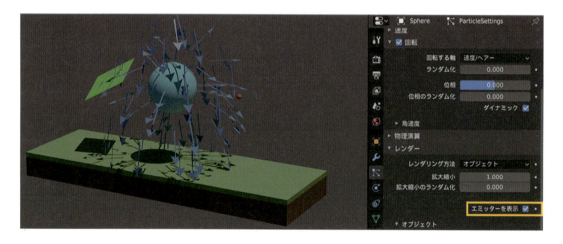

7 [エミッターを表示]のチェックを外すと、レンダリング時に発生源のオブジェクトが表示されなくなります。設定を変更することで、パーティクルの演算結果が破棄されることがあります。この場合は、最初のフレームからアニメーション再生することで、パーティクルの振る舞いが再計算されます。

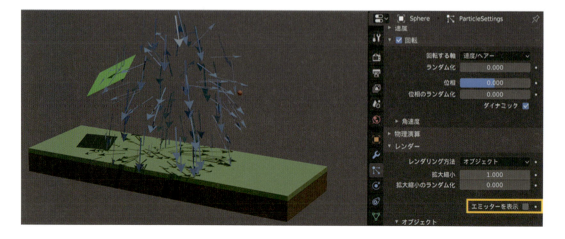

03 ▶▶▶ パーティクルで花火の動きを作る

1 「ICO球（Icosphere）」を選択し、[パーティクル] タブから ➕ ボタンをクリックし、新規パーティクルを作成します。

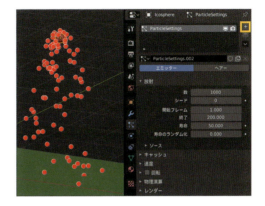

2 [▼放射]の[開始フレーム]と[終了]をそれぞれ「10.000」にします。これは10フレームだけですべてのパーティクルを発生させて終わるという指示になります。

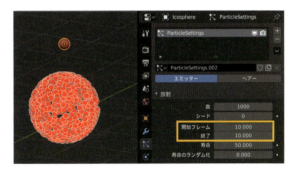

3
① [▼速度]の[ノーマル]を高い値にすることで花火の勢いを出します。図では「20m/s」としていますが、さまざまな値を試して好みの調整をできるようになりましょう。

② [▼物理演算]の[▼力]-[減速]の値を上げて、広がったパーティクルを減速させます。図では「0.100」としていますが、さまざまな値を試してみましょう。

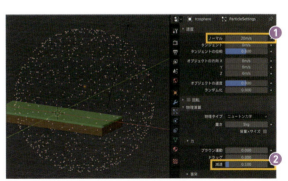

4 [▼放射]の[寿命のランダム化]に数値を入れて、消滅のタイミングを変化させます。図では「0.500」を入力していますが、さまざまな値を試してみましょう。

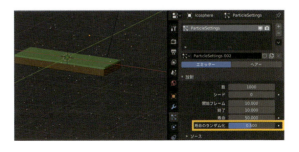

5 ❶ パーティクルを表示するために[▼レンダー]-[レンダリング方法]を「オブジェクト」に切り替え、すぐ下のインスタンスオブジェクト(図ではインスタンスオブジェ…と省略)の空欄をクリックして、「Particle_Plane_02」を選択します。

❷ [拡大縮小]を適度に大きくします。図では「0.200」としていますが、さまざまな値を試してみましょう。

6 [▼回転]と[ダイナミック]にチェックを入れます。最初のフレームからアニメーション再生すると、パーティクルの向きが進行方向を向いているのがわかります。

CLEAR ⭐

完成！

パーティクルの基本操作を覚えました。
パーティクルは、表現するものによって、どのような形のオブジェクトから、どのくらいの時間、どれくらいの量、どのくらいの速度で発生させるかを考えます。応用してさまざまなアイデアを形にしてみましょう。

LESSON-18

フォースフィールドとコリジョン

発生後のパーティクルの動きをコントロールするための、フォースフィールドとコリジョンについて学びます。
フォースフィールドは風のように影響し、コリジョンはオブジェクトを壁のような障害物にします。
LESSONの最後には応用問題となるステージを用意したので、実際に操作しながらパーティクルの表現力を楽しみましょう！

進め方ガイド

『Stage04_Lesson18.blend』を開きます。

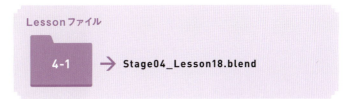

シーンには、パーティクルをZ方向に「1m/s」で発生させた平面と、地面が配置されています。
パーティクルは「-50フレーム」から発生させることで、最初のフレームから表示されている状態にしています。
フォースフィールドが、このパーティクルにどのような影響を与えるかを学び、地面にはコリジョンを設定することで、パーティクルがぶつかる様子を設定していきます。
動きがわかりやすいように、このシーンでは重力をなくしています。

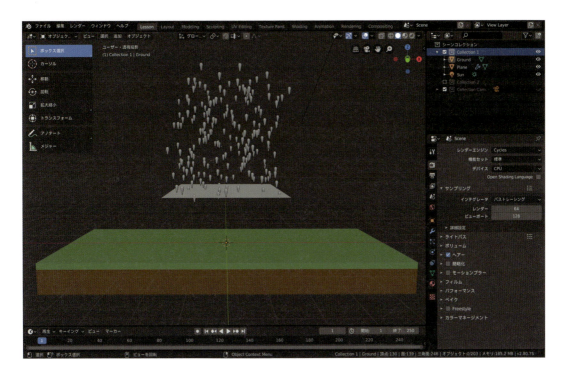

01 フォースフィールドを設定する

乱流

1 フォースフィールドの中から、よく使う、効果のわかりやすいものをいくつか紹介します。3Dビューのヘッダーから、[追加]-[フォースフィールド]-「乱流」を追加します。

2 ❶ フォースフィールドの設定は、[物理演算]タブにあります。

❷ フォースフィールドの影響力を大きくして、結果をわかりやすくします。
[▼設定]-[強さ]を「5.000」として、アニメーションを再生します。複雑な乱流の影響で、パーティクルが散らばる様子を確認します。

渦

1 フォースフィールドは違う種類のものに切り替えることができます。[タイプ]から「渦」を選択し、[強さ]を「1.000」に下げてアニメーションを再生します。発生したパーティクルが渦を巻いて広がっていきます。

2. 「渦」フォースフィールドは、[シェイプ]を変えると動きが変化します。
[シェイプ]を「ポイント」から「平面」へと切り替えてアニメーションの変化を確認します。

力

1. ❶ 他のタイプも見ていきましょう。[タイプ]を「力」に、[強さ]を「5.000」にします。
❷ アニメーションを再生すると、上方向へと発生したパーティクルが、加速していくようになりました。

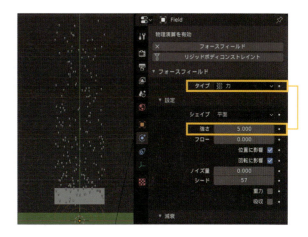

2. [▼フォースフィールド]の設定はそのままで、位置を移動します。
[移動]ツールで青い矢印をドラッグして、発生源の平面よりも上へ移動すると、上へ向かっていたパーティクルが下側へと押し返されるような動きになりました。このように、「力」フォースフィールドは、反発するような影響力を持ちます。

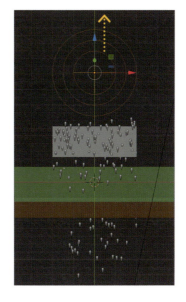

3 次に、[シェイプ]を「ポイント」に切り替えて、アニメーションを再生します。パーティクルが中心から広がるように弾き返されます。

4 [▼設定]-「重力」にチェックを入れます。こうすることで、フォースフィールドの位置に近付いたパーティクルのみが影響を受けるようになります。

磁石

1 [▼フォースフィールド]-[タイプ]を「磁石」に変更し、[強さ]を「-2.000」とします。アニメーションを再生すると、渦を巻くようなアニメーションが確認できます。

2 [強さ]を「2.000」にしてアニメーションを再生します。磁石は[強さ]がプラスのときとマイナスのときで印象が大きく異なります。また、「磁石」フォースフィールドは止まったパーティクルに影響しないため、必ずパーティクルの速度が必要です。

風と乱流

1 [タイプ]を「風」にします。
フォースフィールドを回転させてアニメーションを再生すると、フォースフィールドの矢印の方向に風が吹いているような動きになります。

2 ❶「風」と「乱流」を組み合わせることで、より自然な風を表現することができます。雨の降る様子を作ってみましょう。シーンを少し変更します。
「平面(Plane)」を選択し、[移動]ツールで青い矢印をドラッグして、少し上（Z方向）へ移動します。

❷ [パーティクル]タブで、[▼速度] - [ノーマル]を「0m/s」に、[▼速度] - [オブジェクトの方向] - [Z]を「-1m/s」にします。「風」フォースフィールドは、斜め下を向くようにして、横殴りの雨を表現します。

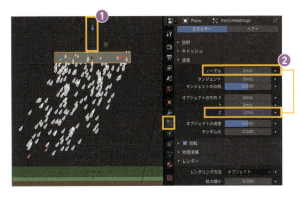

3 3Dビューのヘッダーから、[追加] - [フォースフィールド] - 「乱流」を追加します。

4　「乱流」フォースフィールドの[強さ]を「15.000」(❶)に、「風」フォースフィールドの[強さ]を「5.000」にします(❷)。乱流、風フォースフィールドそれぞれの強さの値は一例です。自由に調節してください。アニメーションを再生します。不規則な強い雨の降る様子を描くことができました。

02 》》》 コリジョンを設定する

1　パーティクルが地面を貫通しないように、「コリジョン」を設定します。
「地面(Ground)」を選択し、[物理演算]タブ - [物理演算を有効] - 「コリジョン」をクリックします。
地面に衝突したパーティクルが跳ねるようになりました。

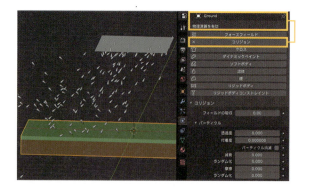

2　❶ [▼パーティクル]-[付着度]を上げると、衝突したパーティクルが跳ね返らなくなります。

❷ [▼パーティクル]-[摩擦]を上げると、衝突したパーティクルが滑りにくくなります。

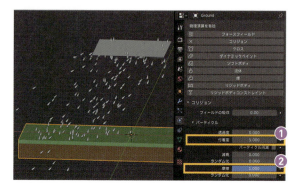

[▼コリジョン]-[▼パーティクル]-「パーティクル消滅」のチェックを入れると、地面に衝突したパーティクルが消滅するようになります。

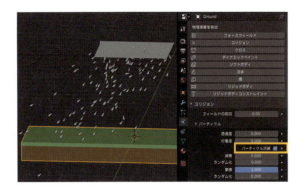

CLEAR ☆

完成！

おめでとうございます！
パーティクルを操作するためのフォースフィールド、コリジョンの設定方法を身に付けました。
パーティクルは、雨のほか、花びらや紅葉を散らす、火花や煙を発生させるなど、場面を演出する名脇役となるチャンスが多いです。積極的に活用して、アニメーション作品を表情豊かなものにしていきましょう。

STAGE 4-1 CHALLENGE!

パーティクルアニメーションの応用

ここまでで学んだ、パーティクルアニメーションを応用して、雨のシーンを完成させよう！
雨雲に乗った箱うしが、箱クマの所にだけ雨を降らせてはトボケる、短いループアニメーションを作ります。
肝心の雨を設定していないので、パーティクルの雨を振らせ、箱クマが濡れないよう、傘にコリジョンを設定してあげてください。

進め方ガイド

『Stage4-1_Challenge.blend』を開きます。

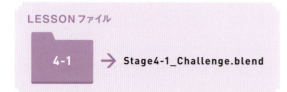

箱くまと箱うしのループアニメーションに、雨のパーティクルと風、傘のコリジョンを追加して完成させます。
お手本のアニメーションは別のファイルになっています。「Stage4-1_Reference.blend」を開いて、完成した状態を確認しましょう。
作業手順の紹介はありません。自分の力で完成を目指しましょう。

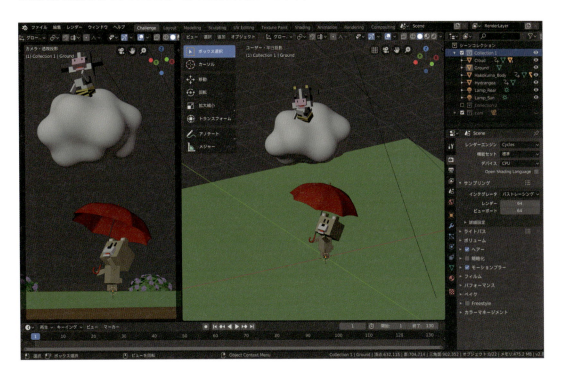

パーティクルを発生させるためのオブジェクトを作成しよう。
円を使う場合は、作成してすぐに[フィルタイプ]を[Nゴン]に切り替えて。

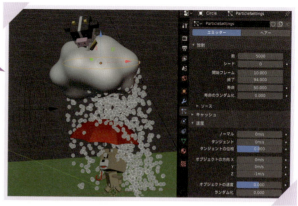

お手本のパーティクル設定は、[▼放射]の数が「5000」で、開始「10」～終了「94」、寿命は「50」、[▼速度]の[ノーマル]は「0」、[オブジェクトの方向]-[Z]は「-1m/s」になっているよ。フォースフィールドは「風」と「乱流」で少し複雑な動きをするように設定しよう。

[▼レンダー]のオブジェクトには「Particle_Rain」を使おう。「Particle_Rain」は雨粒用の透明な球体で、「Collection 2」に隠してあるよ。傘と地面のコリジョンも忘れずに！

STAGE 4-1 クリア！

おめでとうございます！
パーティクルを使ったアニメーションが作れるようになりました。応用すると、枯れ葉や花びらの舞うシーンも作れそうですね。
このアニメーションは、スマートフォンで見ることを考えて、縦長の画面、短い繰り返しになっています。
また、レンダーエンジンに「Cycles」を設定しているため、アニメーションのレンダリングにはとても長い時間がかかります。
次のステップでは、現実感のあるアニメーションを作るための、さまざまな物理演算を紹介していきます。

》》 ポーズを付けてレンダリングしたら、#箱うし本でSNSに投稿しよう！

STAGE 4-2 物理演算

物理演算について学習します。比較的シンプルな設定で楽しめる「リジッドボディ」「クロス」「ソフトボディ」「煙」「流体」「ダイナミックペイント」の6つを紹介します。いずれも手作業では困難な、現実的なアニメーションを作り出すための機能で、表現したい物体の特徴によって使い分けます。最初に設定を済ませると、Blenderが演算してアニメーションを作ってくれて、見ていても楽しい機能です。

LESSON-19

物理演算「リジッドボディ」

物理演算の中から、「リジッドボディ」のアニメーションについて学習します。リジッドボディは、落下する、衝突するといったアニメーションを作ることができます。リジッドボディは衝突してもオブジェクト自体が凹むような変形はせず、転がる、弾き飛ばされる、などの動きを行います。
リジッドボディは物理演算の中でも比較的使用頻度が高いです。実際に操作しながらリジッドボディのシミュレーションを楽しみましょう！

進め方ガイド

『Stage04_Lesson19.blend』を開きます。

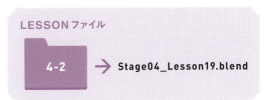

地面とモンキー（スザンヌ）を1つのペアとして、3つのペアが並んでいます。
これらにリジッドボディの物理演算を設定して、リジッドボディの使い方と、場面に応じた設定方法について学びます。

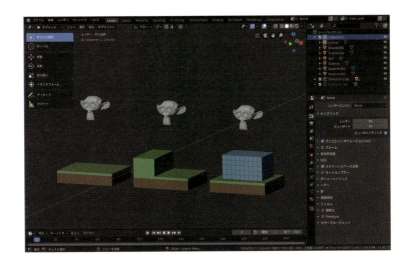

01 ≫ リジッドボディの設定を行い、スザンヌを落下させる

1
① 左側の「モンキー（Suzanne）」を選択します。モンキーはBlenderにはじめから用意されているオブジェクトで、適度に複雑な形をしているため、機能を学習する際にとても便利です。

② [物理演算]タブから[物理演算を有効]-[リジッドボディ]ボタンをクリックします。

③ 設定はそのままで大丈夫ですが、[▼リジッドボディ]の[タイプ]が「アクティブ」になっていることを確認してください。これは、重力や他のオブジェクトとの衝突の影響を受けてアニメーションするというタイプです。

※モンキーは「スザンヌ（Suzanne）」の名でBlenderユーザー達に親しまれているため、以下スザンヌと呼びます。

2
① 次に、「地面（Ground）」を選択して、[リジッドボディ]ボタンをクリックします。

② 地面のリジッドボディは、[▼リジッドボディ]の[タイプ]を「パッシブ」に切り替えます。パッシブは壁のようにぶつかるオブジェクトという設定で、重力や他のオブジェクトの影響では動きません。

3
最初のフレームから（Shift+◀キー）アニメーションを再生（[スペースバー]）すると、スザンヌが落下し、地面に衝突するアニメーションができあがります。
タイムラインの下部に色が付くのは、そこまでの物理演算が記録されたという印です。より複雑な物理演算になると、1周目のアニメーション再生はスムーズに再生されません。しかし、2周目からは記録されたアニメーションを再生するため、通常通りの速度で再生されるようになります。

これだけの簡単な設定で、重力に従い落下する物理演算ができあがりました。
次は、より複雑な形状だった場合の設定を学びます。

02 ▶▶▶ リジッドボディの衝突形状を設定する

1 中央のスザンヌと地面に、それぞれリジッドボディを設定し、アニメーションを再生します。
すると、図のように、斜めの見えない壁にぶつかって滑り落ちていきます。これは、[▼コリジョン] - [シェイプ] - [凸包]によるものです。ポリゴン数が多くなると物理演算にかかる時間が長くなるため、衝突を単純な形状で行うのが[シェイプ]の設定です。

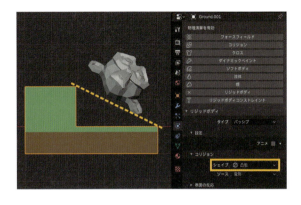

2 地面のリジッドボディの設定で、[▼コリジョン] - [シェイプ]を[メッシュ]に切り替えてアニメーションを再生します。
地面の衝突が、オブジェクトの形状で行われるようになりました。

3 しかし、まだ衝突する瞬間に隙間があるようです。これはスザンヌ側の[▼コリジョン] - [シェイプ]が[凸包]であるためです。凸包は、図のように凸部分だけをつないだシンプルな形状で衝突するため、凹み部分の空間で衝突が起こってしまいます。

4 スザンヌを選択し、[▼コリジョン] - [シェイプ]を[メッシュ]に切り替えてアニメーションを再生します。より正確に衝突するようになりました。
細かく見ると、地面と接地したスザンヌの間にわずかな隙間があります。これはオブジェクト同士のめり込みを回避するために設定されている余白です。もし気になるなら [▼感度]- [余白]をより小さな値にします。

03 ≫ 大量のリジッドボディを崩す設定をする

1 右側のスザンヌと地面に、それぞれ「リジッドボディ」の設定を行ってください。小さな立方体は次に設定するのでそのままにしておきます。

2 画面を正面にし、[ボックス選択]ツール(またはショートカットキー B キー)で図のように囲い、小さな立方体をすべて選択します。

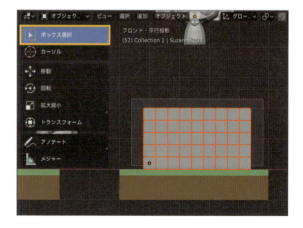

3. 3Dビューのヘッダー、[オブジェクト] - [リジッドボディ] -「アクティブ追加」を選択します。これは、選択しているすべてのオブジェクトに、まとめて「リジッドボディ」を設定する便利な機能です。

> **POINT**
> [パッシブ追加]ならパッシブが、[削除]ならリジッドボディの削除が可能です。

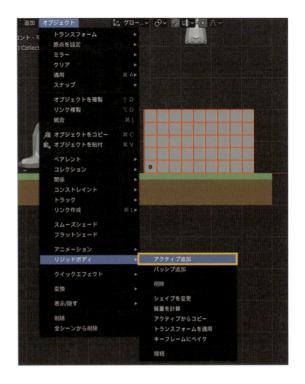

4. [スペースバー]でアニメーションを再生して動きを確認すると、スザンヌが触れる前から、立方体がおかしな動作をしています。これは、すべての立方体の原点の位置が同じ場所にあるためです。物理演算では、原点の位置が重心になります。そのためほとんどの立方体が自身の外にある重心に向かって倒れている状態です。

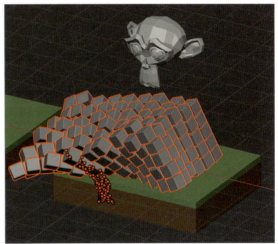

> **POINT**
> このように多くのオブジェクトを用意する場合、[配列]モディファイアーを使うことが多いですが、配列を適用して別オブジェクトに分離した直後は、このように原点が同じ位置になります。

5 3Dビューのヘッダー、[オブジェクト] - [原点を設定] -「原点を重心に移動（ボリューム）」を選択します。個々のオブジェクトの重心に原点が移動しました。

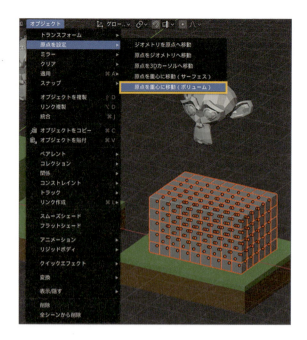

6 アニメーションを再生して動きを確認します。リジッドボディの初期設定では、すべてのオブジェクトが1kgの重さに設定されているため、立方体が崩れません。

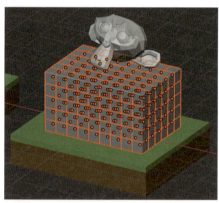

7 ❶ たくさんの立方体の中から、ひとつをShiftキー+左クリックしてアクティブ（設定を行うオブジェクト）にします。

❷ [▼リジッドボディ]の[重さ]を「0.03kg」に、[▼コリジョン]の[シェイプ]を「ボックス」に変更します。この時点では、アクティブ以外の立方体にはこの設定が反映されていません。

アクティブにするため、いずれかひとつをShiftキー+左クリック

① 3Dビューのヘッダー、[オブジェクト] - [リジッドボディ] -「アクティブからコピー」を選択します。これで選択されたすべてのオブジェクトにアクティブと同じ設定が反映されました。

② [スペースバー]でアニメーションを再生して動きを確認します。スザンヌの落下の衝撃で、立方体の崩れるアニメーションができました。

完成！

おめでとうございます！
物理演算による、リジッドボディアニメーションの作り方を覚えました。
立方体やスザンヌの重さを変更して、動きの違いを見るのも面白いですよ。

リジッドボディの精度を高める

[シーン]タブの[▼リジッドボディワールド]から、[ステップ/秒:]の値を高くすることで、リジッドボディの精度を高めることができます。シーンによって、「300」〜「1000」くらいの大きな数値を入れることで、触れていないときの震えが収まったり、崩れ方がよりリアルに仕上がります。

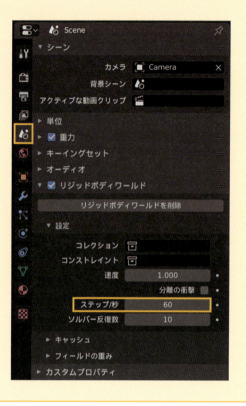

LESSON-20

物理演算「クロス」

物理演算の中から、「クロス」のアニメーションについて学習します。クロスを使うと、布のアニメーションを作ることができます。表現の難しいシワをリアルに描くため、アニメーションの結果を適用してモデリングに使用する場合も多いです。使い慣れると、キャラクターの服に設定して、アニメーションによりリアルな印象を与えることも可能です。
実際に操作しながらクロスのシミュレーションを楽しみましょう！

進め方ガイド

『Stage04_Lesson20.blend』を開きます。

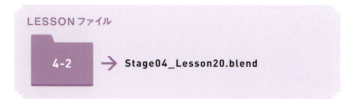

スザンヌと青い布で1セット、柱と旗で1セットとして使用します。
これらにクロスの物理演算を設定して、クロスの使い方と、クロスの固定の仕方を学びます。

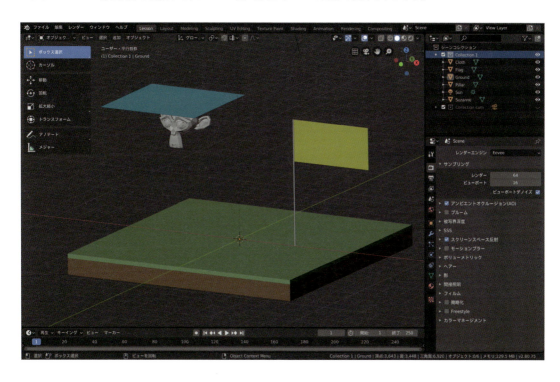

01 ≫ クロスの設定を行い、スザンヌに布をかける

1
① 左側の「平面 (Cloth)」を選択します。
② [物理演算] タブ - [物理演算を有効] から [クロス] ボタンをクリックします。

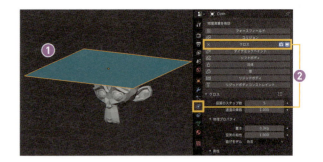

2
① スザンヌを選択します。
② [物理演算] タブ - [物理演算を有効] から [コリジョン] ボタンをクリックします。

3
[Shift]+[◀]キー、[スペースバー] で、最初のフレームからアニメーション再生します。平面が落下してスザンヌに衝突することで、布のようなアニメーションができました。
しかし、よく観察すると布自身との衝突をしておらず、メッシュが交差している部分があるのがわかります。

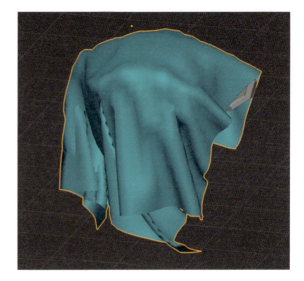

4 [▼クロス]の[▼コリジョン]から[セルフコリジョン]にチェックを入れます。
アニメーションを再生して、布の交差がないことを確認します。
もしまだ交差が残るようであれば、[▼コリジョン]の[品質]を上げ、アニメーションを再生してチェックします。

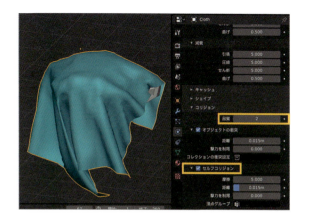

5 仕上がりをなめらかにするため、[モディファイアー]タブから[モディファイアーを追加]-「サブディビジョンサーフェス」を追加します。

> **POINT**
> クロスを設定する前に[サブディビジョンサーフェス]を追加すると、モディファイアーの順序が変わります。最初に細分割曲面ポリゴンを増やした後に、クロスの物理演算をする順序となり、演算がとても遅くなります。この場合はモディファイアーの順序を入れ替えて対処します。

6 [サブディビジョンサーフェス（Subsurf）]モディファイアーの仕上がりを調整します。
[細分化:]-[ビューポート:]が作業中の分割回数、[レンダー:]がレンダリング時の分割回数です。細かく分割すると、パソコンの性能によっては動作が遅くなることもあるでしょう。
そこで、きれいに仕上がる分割回数がわかったら、[ビューポート:]の値を下げて、作業中の表示が快適になるようにしておきます。

02 ≫ クロスの一部を固定して、旗をなびかせる

1
① 最初に、クロスの物理演算をしても固定されて動かない頂点を指定します。旗になる平面を選択し、オブジェクトモードから編集モードに切り替え（Tabキーで切り替えることもできます）ます。

② 選択モードを頂点にしたら（①キーで切り替えることもできます）、柱に接する上下の頂点を選択します。

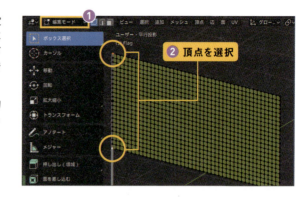

2
① [データ]タブから[▼頂点グループ]の■ボタンをクリックします。

② 「Group」という名前の頂点グループが作られるので、[割り当て]ボタンをクリックして、選択された頂点に「1.000」のウェイトを付けます。

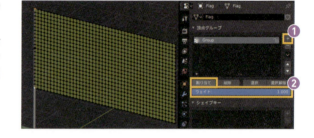

3
① 編集モードからウェイトペイントに切り替えます。

② ヘッダーの[ビュー] - [ローカルビュー] - 「ローカルビュー切替え（ショートカットキー─[/]）」で単体表示にします。

③ ウェイト「1.000」の部分が赤で、ウェイト「0.000」の部分が青で、中間色は黄色～緑色で表示されます。
上下にウェイトのカラーが確認できたら、オブジェクトモードに切り替えます。

4
① [物理演算]タブから[物理演算を有効] - [クロス]ボタンをクリックします。

② [▼シェイプ] - [固定グループ]に「Group」を選択することで、ウェイト「1.000」の頂点が固定されます。

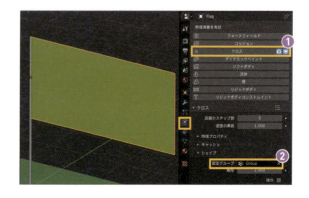

5 この状態で [スペースバー] でアニメーションを再生すると、しっかり固定されていることがわかります。

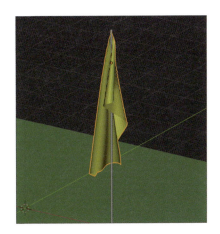

6 旗を揺らすため、風を吹かせます。3Dビューのヘッダーから、[追加]-[フォースフィールド]-「風」を追加します。

7 「風」フォースフィールドの向きを整えます。横方向に向くよう回転しますが、手前か奥にも少し傾けることに注意してください。これは旗の面に風が当たるようにするためです。

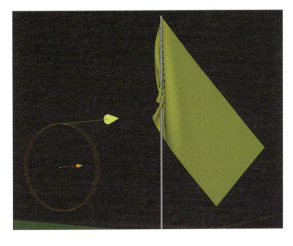

8 [物理演算]タブで、フォースフィールドの設定を変更します。[▼フォースフィールド]から[強さ]を「1000.000」にします。アニメーションを再生すると、旗がなびく様子が演算されます。旗が交差するようであれば、[クロス]の[セルフコリジョン]を設定してください。

風の向きや強さを調整して、気に入ったアニメーションが完成したら、[サブディビジョンサーフェス]モディファイアー（P.225）を追加して、なめらかに仕上げましょう。

完成！

おめでとうございます！
クロスの基本操作を覚えました。
クロスは、アニメーションに使うだけでなく、モデリングにも使います。衣装はじめ、布団やこたつ、テーブルクロスやタオルといったインテリアモデリングにはとても便利です。

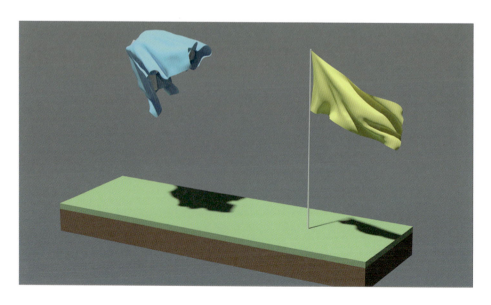

LESSON-21

物理演算「ソフトボディ」

物理演算の中から、「ソフトボディ」のアニメーションについて学習します。ソフトボディを使うと、ゼリーやゴムボールのような、弾力のある振る舞いをシミュレーションすることができます。「外から押されて変形し、元の位置・形に戻る」「自由に落下して、変形しながら積み上がる」、これら2つの設定を学びます。
実際に操作しながらソフトボディのシミュレーションを楽しみましょう！

進め方ガイド

『Stage04_Lesson21.blend』を開きます。

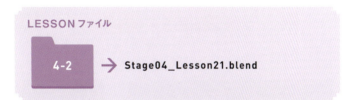

シーンには、弾力のありそうな、うし玉とくま玉 が配置されています。
左側のうし玉とくま玉が1セット。中央のうし玉は単体で。右側のくま玉とうし玉が1セットで、左側から順に使用して学習します。
一番左のうし玉には、アニメーションが設定されています。

01 》》 ソフトボディを設定する

1 シーン左側の「うし玉(Move_Ushi)」と「くま玉(Soft_Kuma)」を使います。
くま玉を選択して、[物理演算]タブから[物理演算を有効]-[ソフトボディ]を追加します。[Shift]+[◀]キー、[スペースバー]で、最初のフレームからアニメーション再生すると、その場で少し揺れるようなアニメーションになっているのが確認できます。
これは、重力による落下と、元の位置に戻るソフトボディの働きによるものです。

2　「うし玉」にはアニメーションが設定されていますが、「くま玉」に触れても影響がありませんでした。
衝突させるため、[物理演算]タブから[物理演算を有効]-[コリジョン]を追加します。

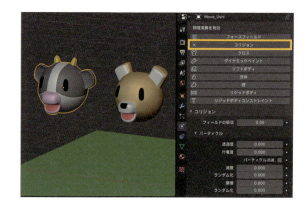

3　[スペースバー]でアニメーション再生すると、「うし玉」に押しつぶされ、弾力で元の形に戻ろうと波打つ、「くま玉」のアニメーションができました。

02 》》 ソフトボディを落下させる

1　中央の「うし玉(Soft_Ushi)」を使います。
ソフトボディを使って物体を落下衝突させるには、[物理演算]タブから[物理演算を有効]-[ソフトボディ]を追加し、[ゴール]のチェックを外します。

2 そのまま落下すると、地面を突き抜けてしまうので、地面に[物理演算を有効]-[コリジョン]を追加します。

3 ① アニメーションを再生すると、うし玉は地面に衝突してペタンコに潰れてしまいます。

② [▶辺]の[▶]をクリックして展開し、[曲げ]の値を大きくします。作例では「5.000」としました。
この状態でアニメーション再生すると、ある程度のところで反発し、ふたたび膨らむ、弾力を感じるアニメーションになりました。

03 》》 ソフトボディ同士の衝突を行う

1 右側の「くま玉」、「うし玉(Soft_Kuma_Ushi)」を使います。ソフトボディ同士の衝突を行う場合、衝突するオブジェクトはすべてひとつのオブジェクトに結合しておきます。「02.ソフトボディを落下させる」と同様の設定を行います。

① [物理演算]タブから[物理演算を有効]-[ソフトボディ]を追加し、[ゴール]のチェックを外します。

② [▶辺]の[▶]をクリックして展開し、[曲げ]の値を大きくします。作例では「2.000」としました。

2 アニメーション再生しても、このままではお互いに衝突することなく、重なってしまいます。

3 ソフトボディの衝突を行うには、「ソフトボディセルフコリジョン」にチェックを入れます。
アニメーション再生すると、くま玉とうし玉が衝突して転がる様子が確認できます。

CLEAR ⭐

完成！

おめでとうございます！
ソフトボディの基本操作を覚えました。
ソフトボディを使うことで、硬くなりがちなCGアニメーションの印象に、柔らかさを含ませることできます。また、実際には柔らかくないオブジェクトを、ゼリーのような質感でアニメーションさせることで、CGならではの不思議な映像を作ることもできそうですね。

LESSON-22

物理演算「煙」

物理演算の中から、煙のアニメーションについて学習します。煙は、モデリングで表現するのは難しい、リアルな煙を簡単に生成してくれます。また、煙の発生源に炎を描かせることも可能です。
仕組みが少しだけ複雑なので、構造を理解するためにも、実際に操作しながら煙のシミュレーションを楽しみましょう！

進め方ガイド

『Stage04_Lesson22.blend』を開きます。

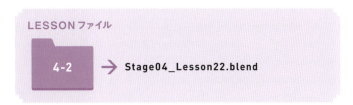

シーンには、「Smoke」という文字を立体化したオブジェクトと地面が配置されています。
文字から煙や炎が発生する様子を作ることで、煙の使い方を学習します。

01 ≫ クイックエフェクト：クイック煙

1

① 煙の発生源となる「オブジェクト（Smoke）」を選択します。

② 3Dビューのヘッダーから、[オブジェクト] - [クイックエフェクト] - 「クイック煙」を選択します。

> **POINT**
> 「クイック煙」を使用すると、「Smoke Domain」というオブジェクトが作られ、煙に関するオブジェクトはワイヤーフレーム表示となります。Smoke Domainは煙を描く範囲を設定するもので、「ドメイン」と呼びます。

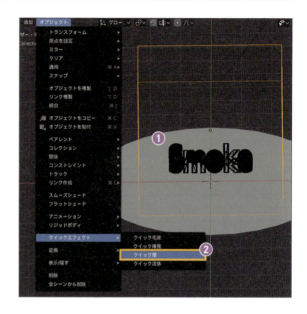

2

[Shift]+[◀]キーまたは[スペースバー]で、最初のフレームからアニメーションを再生すると、煙が演算され、立体文字から煙が湧き出してくる様子が見られます。煙が描画されるのは、ドメインの範囲内だけです。クイック煙を使用することで、ここまでの設定がすべて自動で行われました。

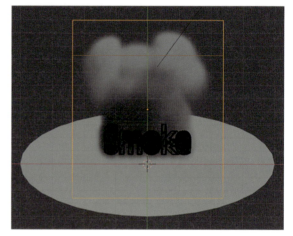

TIPS

「煙」設定に重要なドメインとフローの関係

煙の設定は[物理演算]タブで自動的に設定されていますが、設定を操作するために構造を理解します。「ドメイン」と「フロー」の関係を意識すると覚えやすいです。

「ドメイン」は、煙を描くためのオブジェクトで、煙の演算を行う範囲を設定する役割もあります。ドメインの中には発生源であるフローが必要です。煙はとても負荷のかかる演算のため、ドメインを必要最低限の大きさにします。
「フロー」は煙の発生源で、ドメインの内部で機能します。発生源の形状には、メッシュかパーティクルシステムを指定することができます。
「コリジョン」は、設定されたオブジェクトに煙が衝突するようになります。

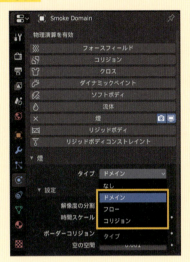

02 》》 煙をアレンジする

1 より煙らしくアレンジする方法を学びます。現状ではドメインに対して発生源が大きいため、煙の描画範囲が狭いです。そこでドメインを選択して、編集モードで天井の面を選択、z方向へ移動して縦長にします。

2 最初のフレームからアニメーションを再生して演算すると、煙がより長く立ち上るようになりました。

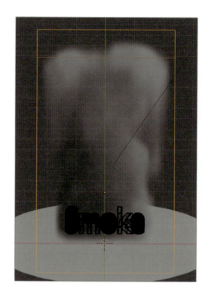

3 煙がすこしボヤッとし過ぎている印象なので、煙を描画する解像度を上げます。
「ドメイン」のオブジェクトを選択して、[物理演算]タブを開きます。「クイック煙」によって、煙が使用された状態になっているので、[▼設定] - [解像度の分割]を倍の「64」にしましょう。
最初のフレームからアニメーションを再生して演算すると、煙の形状がより詳細になりました。

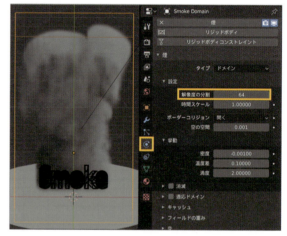

POINT
より高い値にすることで、より細部までディテールを描くことができますが、演算にとても時間がかかるようになります。どうしても高解像度が必要なときは、演算中のパソコンを放置して、しばらく別のことをして待つといいでしょう。

4 図は[解像度の分割]を「200」にした例です。煙のディテールがとても詳細に描かれています。
これはとても時間がかかるので、試さなくても大丈夫です！

5 [▼設定] - [解像度の分割]は「64」のまま、[▼高解像度]にチェックを入れると、煙の解像度をベースにして、比較的早い演算速度で、煙を高解像度化することができます。

> **POINT**
> [▼高解像度] - [解像度の分割]の値は、[▼高解像度]の効果をより詳細に仕上げます。おおまかな煙の形状は[▼設定] - [解像度の分割]で決定し、[▼高解像度]は、それに詳細なディテールを加える機能です。
> 以降、煙、高解像度の煙の分割は、好みで調整しながら読み進めてください。

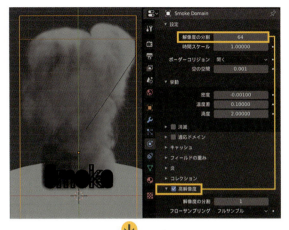

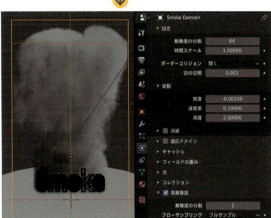

03 》》》 火炎と煙

1 煙の発生源のオブジェクトを選択して、[物理演算]タブの[▼設定] - [フロータイプ]を[火炎+煙]に切り替えると、発生源付近に火炎を描くことができます。

2 しかし、シェーディングをレンダーにすると煙しか表示されません。火炎を描画するには、マテリアルの設定が必要です。

3 ❶ ドメインを選択し、[マテリアル]タブを開きます。

❷ クイック煙で自動的に作られた煙のマテリアルが表示されるので、[▼ボリューム] - [黒体の強度]に数値を入れます。図では「5.000」としていますが、好みで値を調節してください。

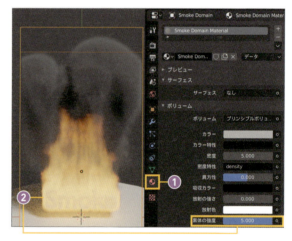

CLEAR ⭐

完成！

おめでとうございます！

火炎や煙の動きをコントロールするには、フォースフィールドを使うこともできます。
炎のような発光するものを目立たせるには、環境全体の明るさを少し暗くするのがポイントです。
煙には横から光を当てて、立体感を強調しましょう。

「適応ドメイン」の使い方

蒸気機関車など、移動するものに煙を設定するときは、「ドメイン（P.234）」を十分に広いサイズにし、「適応ドメイン」にチェックを入れることで、「ドメイン」の中の、煙の発生している範囲だけを演算するようになります。

1

ドメイン全体のサイズを必要なだけ広くして、[▶適応ドメイン]にチェックを入れます。

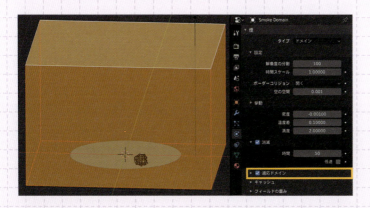

2

アニメーションを再生して演算すると、毎フレーム必要な範囲だけの適応ドメインが作られ、演算の負荷が減ります。[▼消滅]のチェックと[時間]を設定して、煙の消滅を早めると効果的です。

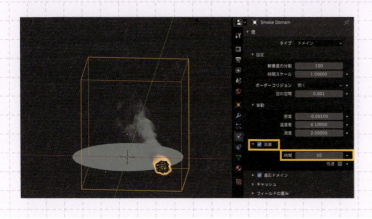

LESSON-23

物理演算「流体」

物理演算の中から、流体のアニメーションについて学習します。流体を使うと、水や蜂蜜など、粘度の異なる流体のアニメーションを作ることができます。とてもリアルな液体表現が可能になり、グラスにワインを注ぐ様子などはとても高品質に作ることができるようになります。
実際に操作しながら流体のシミュレーションを楽しみましょう！

進め方ガイド

『Stage04_Lesson23.blend』を開きます。

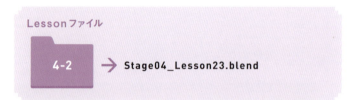

シーンには、「Fluid」という文字を立体化したオブジェクトと地面があります。文字から液体が発生する様子を作ることで、流体の使い方を学習します。

01 ≫ クイックエフェクト：クイック流体

1 発生源となる、「文字オブジェクト（Fluid）」を選択して、3Dビューのヘッダー - [オブジェクト] - [クイックエフェクト] - 「クイック流体」を選択します。
クイック流体が使用されると、煙同様に「ドメインオブジェクト（Fluid Domain）」が作られます。
ドメインには、流体を描く役割と、流体を演算する範囲を指定する役割があり、ドメインの外には壁があるような振る舞いをします。

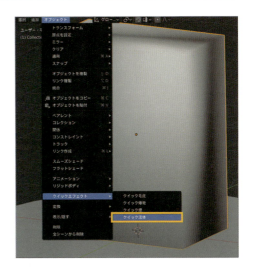

2 流体の演算を行うには、ドメインオブジェクトを選択して、[物理演算]タブに追加された [▼流体] - [▼ベイク] - [ベイク（必要メモリ量：〜 MB）] ボタンをクリックします。
演算の終わったフレームからドメインオブジェクトの形が流体のアニメーションに変化していきます。
[スペースバー] でアニメーションを再生、またはタイムラインをドラッグし、時間を進めて流体の様子を確認しましょう。

3 演算の進行が全体の何％まで進んでいるか、画面最下部で確認できます。
途中で演算を止めたい場合は、[〇％]の右にある×ボタンをクリックするか、キーボードの [Esc] キーを押します。

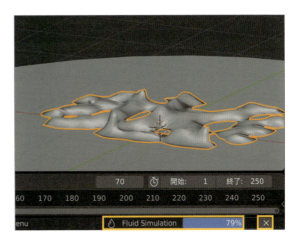

4　初期設定では、実際の仕上がりよりも解像度の低いプレビューが表示されているので、[▼設定] - [ビューポート]を「最終結果」に切り替えます。

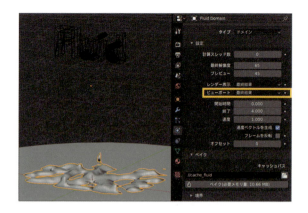

5　最終結果をより細かく仕上げるには、[▼設定] - [最終解像度]の値を高くしてベイクし直します（②の操作）。図は「100」にしてベイクした様子です。
数値を上げるほどリアルな流体が仕上がりますが、演算時間が長くなります。

6　より細かくリアルな仕上がりを得るには、流体のパーティクル機能を使います。

① [▼境界] - [細分化]を「2」にします。

② [▼パーティクル] - [トレーサー]を「1」、[生成]を「1.000」にします。[パーティクル]の設定は、[細分化]が「2」以上のときに機能するので、この設定はセットで行いましょう。

③ このような流体アニメーションができました。ここでは発生源そのままの量の流体を発生させましたが、次は蛇口から流れ続けるような流体の設定を学びましょう。

7 発生源のオブジェクトを選択して、[物理演算]タブを見ると、[▼流体] - [タイプ] が「流体」となっています。これが発生源の体積で流体を発生させる設定です。

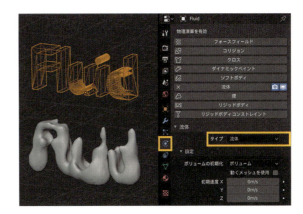

8 [▼流体] - [タイプ] を「流入口」に切り替え、ドメインを選択してベイクします。(2 の操作)。
発生源からしたたり落ちるようなアニメーションができあがりました。このように流入口は、発生源から次々と流体が流れ出てきます。

9 発生源を選択し、[流入速度]の[Z]を「-2m/s」に変更し、ドメインを選択してベイクします(2 の操作)。流入速度を設定することで、好きな方向へ流れ出すアニメーションを作ることができます。

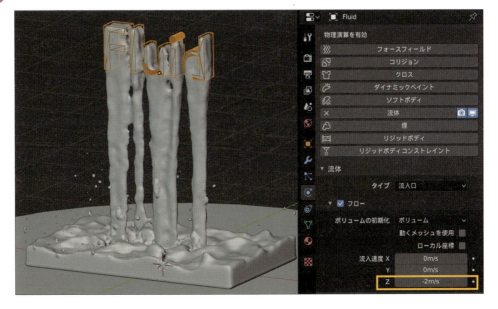

02 ≫ 水の表現とレンダリングのノイズ対策

1 3Dビュー上にマウスカーソルを移動し、Zキーでシェーディングを「レンダー」に切り替えます。
マテリアルには自動的に「グラスBSDF」が設定され、透明な水の質感ができあがっています。
このシーンでは、屈折表現の得意なCycles（P.270）を使用します。レンダリング結果を見て、部分的にノイズが目立つことと、水が透明なため目立たないという問題を解決していきます。

2 レンダリング時のノイズを目立たなくするため、デノイズ機能を設定します。[ビューレイヤー]タブから「▶デノイズ」にチェックを入れます。
デノイズを使用すると僅かにレンダリング時間が延びますが、それ以上に効果的なノイズ除去を行うため、低いサンプリング数でのレンダリングが可能になります。

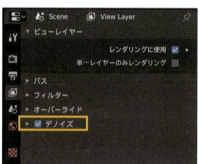

3 F12キーで静止画レンダリングしましたが、グレーの背景に溶け込んで、水の存在感がありません。
透明なものを描くには、屈折して見える奥の景色や、映り込む光源が重要です。
ここからはひとつの例として、背景色やライトの変更で水を目立たせる練習をしましょう。

4　図は3Dビューの視点をトップ・平行投影にした状態です。シーンに設定されている「サンライト（Sun）」を削除し、代わりに「エリアライト」を2か所に追加しました。

① ライトの設定はヘッダーの[追加]-[ライト]から選択します。

② いずれも[パワー]を「500W」、[サイズ]を「4m」に設定しています。数値は好みで調節してください。

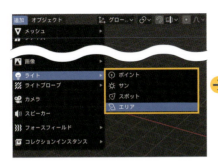 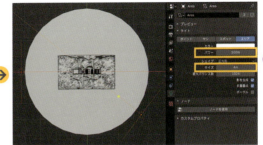

5　背景色は[ワールド]タブの[▼サーフェス] - [カラー]を限りなく黒に近い色に設定します。

6　F12キーでレンダリングすると、流体の輪郭がハッキリしたレンダリングに仕上がりました。
次に、背景の写真を屈折させることで水を目立たせる方法を紹介します。

7　シーンのライトをすべて削除し、[ワールド]タブの[▼サーフェス] - [カラー]の右のボタンから「環境テクスチャ」を設定します。
ここに使用する画像は.hdrや.exrといった特殊な画像形式で、360度全方位を写したダイナミックレンジの広い画像を開きます。
以下次ページのTIPSに従い、.hdrファイルを入手し、環境テクスチャから開いてください。

TIPS

環境テクスチャを利用する

作例ではBlenderに含まれているexrファイルを使用していますが、環境テクスチャには無料で使えるHDRI HAVEN (https://hdrihaven.com/) から好みの.hdrファイルをダウンロードして使用することをお勧めします。

トップのメニューからHDRIsを選択し、好みの写真を選択してから画像のサイズを選択すればダウンロードが開始されます。

8 レンダリングすると、背景の屈折と環境照明によって、水の存在がはっきりと視認できます。
さらにエリアライトを追加して輪郭を目立たせる、合わせ技も有効です。

完成！

おめでとうございます！
クイック流体を使用して、流体のアニメーションが作れるようになりました。
タイプを「流体」にすれば、グラスの中の飲み物を描いたり、あるオブジェクトが突然液体になってしまうアニメーションが作れますし、タイプを「流入口」にすれば、ホースから流れる水や、滝を作ることができるでしょう。
このとき、衝突させたいオブジェクトは、タイプを「障害物」に設定しておくことで、流体がぶつかり飛沫が立つようになります。流体は、ドメインの大きさで壁にぶつかったような動きをするので、作品に使用する場合は水を貯める器に「障害物」を設定して、水を受け止めるようにすると良いでしょう。

LESSON-24
物理演算「ダイナミックペイント」

物理演算の中から、「ダイナミックペイント」のアニメーションについて学習します。ダイナミックペイントを使うと、別のオブジェクトが触れた箇所に凹みを作ったり、波を起こしたり、色を変えたり、さまざまな表現のきっかけにするためのウェイトを作ったりすることができます。最も効果がわかりやすい、「Wave（波）」を例に設定方法を学びます。実際に操作しながらダイナミックペイントの基本設定を学習しましょう！

進め方ガイド

『Stage04_Lesson24.blend』を開きます。

シーンには、パーティクルの発生源となっている板と、地面の板が配置されています。地面は平面ですが、とても細かく細分化されています。
ダイナミックペイントは、「ブラシ（影響を与える側）」と「キャンバス（影響を受ける側）」を1つのセットで設定します。パーティクルが地面に触れると、水面のように波紋が広がる、というアニメーションを作ります。

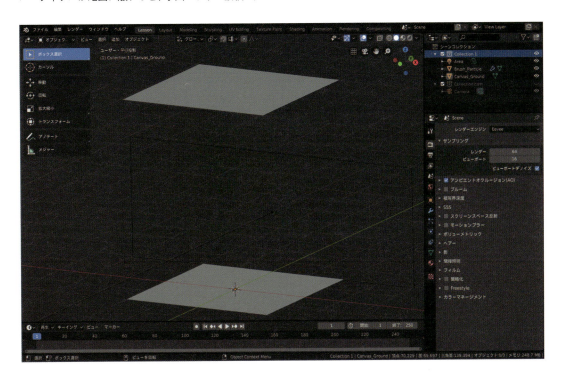

01 ダイナミックペイントのブラシを設定する

1 途中までアニメーションを再生して、パーティクルの降る様子を確認します。

① パーティクルの発生源となっている「板（Brush_Particle）」を選択して、[物理演算]タブから[ダイナミックペイント]ボタンをクリックして使用します。

② [▼ダイナミックペイント]の[タイプ]を「ブラシ」に切り替えて、[▼設定] - [ブラシを追加]ボタンをクリックします。

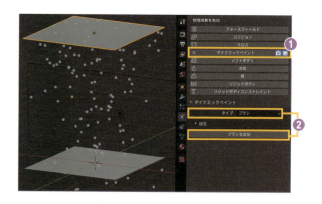

2 ブラシを追加したら、[▼ソース] - [ペイント]を「パーティクルシステム」に切り替えます。すぐ下に表示される[パーティクルシステム]の空欄をクリックし、「Particle Settings」を選択します。

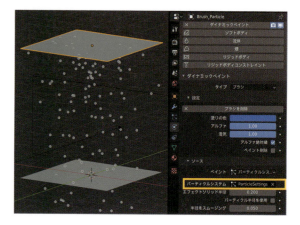

02 ダイナミックペイントのキャンバスを設定する

1 ① 次に、「地面（Canvas_Ground）」を選択して、「ダイナミックペイント」を使用します。

② [▼ダイナミックペイント] - [タイプ]は「キャンバス」のまま、[▼設定] - [キャンバスを追加]ボタンをクリックします。

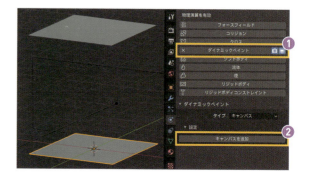

2 キャンバスを追加したら、[▼サーフェス] - [サーフェスタイプ] を「波」に切り替えます。アニメーションを再生すると、パーティクルが接触した箇所から大きな波が発生する様子が確認できます。

POINT
地面のオブジェクトを最初から作る場合は、ポリゴンを細分化する必要があります。ポリゴン数が少ないと波の表現が荒くなってしまい、分割を忘れるとダイナミックペイントを正しく設定しても波紋が表現できません。

3 [▼サーフェス] - [半径] の値を小さくします。図は「0.30」の設定ですが、好みで調整しましょう。雨粒による、水面の波紋のアニメーションができました。

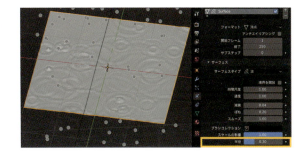

CLEAR ⭐

完成！

おめでとうございます！
「ダイナミックペイント」の基本的な設定を身に付けました。サーフェスタイプは4つありますが、どれを使うときも同様に、ブラシとキャンバスの設定を行います。波は演算も早く、雨のシーンを簡単にクオリティアップすることができます。

STAGE 4-2 CHALLENGE!

物理演算アニメーション

ここまでで学んだ**物理演算**からクロスのアニメーションを復習して、箱くまにかっこいいマントをつけてあげよう！箱くまがヒーローごっこをしているアニメーションを作ります。ヒーローに欠かせないマントが設定されていないので、「クロス」の物理演算を設定して、かっこいい『ハコクマン』に仕上げましょう。

進め方ガイド

『Stage4-2_Challenge.blend』を開きます。

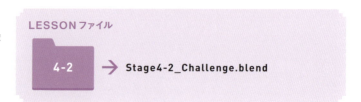

箱くまのアニメーションに、マントの物理演算を追加してシーンを完成させます。
お手本のアニメーションは別のファイルになっています。「Stage4-2_Reference.blend」を開いて、完成した状態を確認しましょう。
作業手順の紹介はありません。自分の力で完成を目指しましょう。

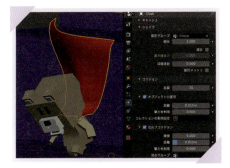

クロスの設定は、[固定グループ]に「Group」を設定する、[▼オブジェクトの衝突]と[▼セルフコリジョン]を使用する、[▼コリジョン]-[品質]を増やす、といった調整で自然なマントの動きを仕上げよう。

箱クマの頭には[コリジョン]を設定しておかないと、マントが頭や体を突き抜けてしまうよ。

レンダリング前に、マントに[サブディビジョンサーフェス]モディファイアーを使用すると、なめらかに仕上がる。モディファイアーは上から順に使用されるので、[Cloth]の下に設定するのがポイント！

※このシーンは、「1」～「10」フレームを、マントを自然な形にする時間に使っているので、アニメーションレンダリングするときは、物理演算を行った後、「10」フレームからレンダリング開始するように変更しましょう。

STAGE 4-2 クリア！

おめでとうございます！
さまざまな物理演算を使ったアニメーションを習得しました。
物理演算は、再現の難しい現実的な動きを描いてくれるので、上手に使って作品に説得力を出していきましょう。
これですべてのステージをクリアしました！
すっかりBlenderアニメーションをマスターしましたね。次はその技術を使ってすてきなアニメーション作品を作り、たくさんの人を楽しませてあげてください！

》》》 出力先を指定してアニメーションレンダリングができたら、#箱うし本でSNSに投稿しよう！

EXTRA STAGE 1 | モデリングしてみよう

モデリングの最初の一歩を踏み出してみます。まったくの未経験では何から手をつければよいのかわからないかもしれませんが、簡単なモデリングを経験することでそこから先を試したり調べたりするハードルが下がります。ここでは、ゲームパッドを作りながら、モデリングの基本的な操作をチュートリアル形式で学習します。

Blender 2.8 でのモデリング

使う機能はわずかですが、応用して使えるようになるため、それぞれの機能がどのような役割なのかを理解しましょう。同じ形にする必要はありません、思いつきで自由にアレンジして楽しんでください。

進め方ガイド

ゲームパッドのモデリングを行います。デザインは自由にアレンジして楽しんでください。
［ファイル］-［新規］-「全般」として、シーンをまっさらな状態にしてはじめます。
モデリングするときには、実際の大きさに合わせた数値で作ることも大切ですが、ここでは操作を覚えることに重点をおき、「2m」の立方体からそのまま作ります。他のオブジェクトと合わせてレンダリングするには、最後に縮小するとよいでしょう。

01 ≫ 立方体からゲームパッドをモデリングする

1 最初にオブジェクトの削除と追加を学びます。
選択したオブジェクトが「オブジェクトモード」の状態で X キーを押し、確認が表示されるので「削除」をクリックします。または、Delete キーを押すことで確認なく削除します。
マウスを右手、キーボードを左手で操作するため、頻繁に使う削除のショートカットキーは X キーが左手に近くて便利です。

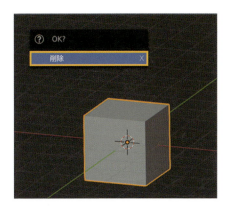

2 ❶ オブジェクトやライトやカメラなど、さまざまなものの追加は Shift キー＋ A キーから行います。もちろんヘッダーの[追加]からでも同じように追加できますが、覚えると便利なショートカットキーです。

❷ [追加]-[メッシュ]-「立方体」を選択します。

3 「Cube」を選択して（❶）、3Dビューのヘッダー、オブジェクトモードをクリックし、編集モードへ切り替えます（❷）。キーボードショートカットを使う場合は Tab キーです。
編集モードに切り替わると、ツールバーの内容がモデリングで使用するツール群に置きかわります。

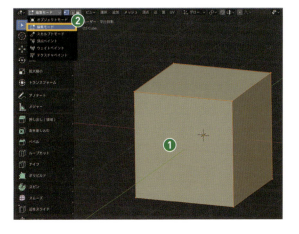

4 [移動][回転][拡大縮小]ツールはモデリングでも多用します。

① [トランスフォーム]ツールは移動、回転、拡大縮小のすべてのマニピュレーターが表示されます。

② Nキーを押してツールバーを開き、[ツール]タブから「Drag Action」を「拡大縮小」に設定することで比率を保った拡大縮小も可能です。

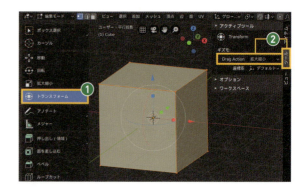

POINT
ショートカットキーを使用すると素早い操作が可能になります。それぞれ「Gキー（移動）」、「Rキー（回転）」、「Sキー（拡大縮小）」のあとにマウスを移動。または、G → X → 3（X方向へ3m移動）といったショートカットキーによる正確な操作も可能です。

5 点、辺、面の選択は、ヘッダーから選択するか、ショートカットキーの 1 （点）、2 （辺）、3 （面）で切り替えることができます。
面選択に切り替えて、右側の面を押し出します（図右上のギズモに注意して視点方向を合わせてください）。
[押し出し（領域）]ツールをクリックして、マニピュレーターをドラッグするか、ショートカットキーならEキーで面を押し出します。

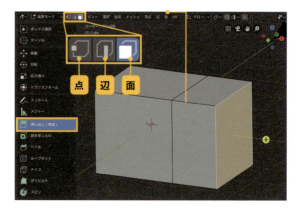

💡 TIPS

ツールの切り替え

[押し出し]ツールのように、右下に小さなマークの付いたツールは、左ボタンを長押しすることで動作の特徴が異なるツールに切り替えることができます。

> **TIPS**
>
> ### 数値による調整
>
> P.17でも紹介しましたが、ツールの使用直後は、画面の左下から（図）、あるいは「編集」-「最後の操作を調整…（F9キー）」で、数値による調整を行うことができます。
> [押し出し]ツールに限らず、あらゆるツールで行えるので、マウスでは難しい操作はこちらから調整します。

6 押し出した面の底を選択して押し出します。押し出した面はゲームパッドのグリップ部分にするため縮小します。
[拡大縮小]ツールをクリックして、マニピュレーターの外でドラッグすると比率を維持したまま拡大縮小できます。ショートカットキーならSキーで拡大縮小します。

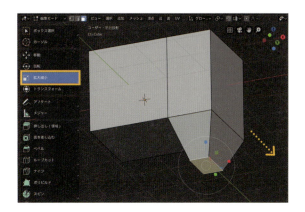

02 >>> モディファイアーを追加して形を調整する

1 プロパティの[モディファイアー]タブから、[モディファイアーを追加]-「ミラー」モディファイアーを使用します。X方向の半分だけ作ると、もう反対側に鏡像が作られます。

2 続けて「サブディビジョンサーフェス」モディファイアーを使用します。
追加されたモディファイアーの[細分化:]の値を、「レンダー:3」「ビューポート:3」に設定して、十分に滑らかな形状にします。
ミラーはオブジェクトの原点を中心に鏡像を作りますが、原点をはみ出た部分のメッシュがミラーによって重なったため、サブディビジョンサーフェスの結果を見ると、交差した箇所に違和感があります。

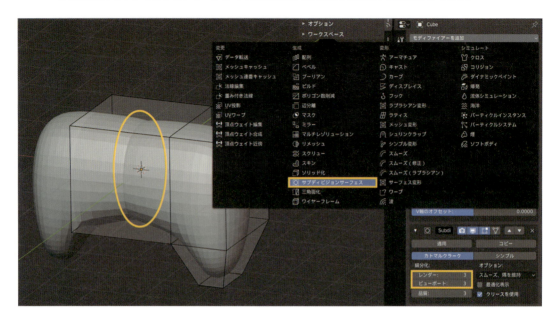

3 先ほど追加した「ミラー」モディファイアーの設定から、[二等分:]の「X」にチェックを入れると、ミラーの中心からはみ出したメッシュを削除して結合した状態になります。交差した箇所の継ぎ目が消えていることに注目してください。「編集モード」ではミラーの二等分で消えたメッシュも元のまま維持されているので、全体をX方向へ移動すればゲームパッドの横幅の変更も簡単に行うことができますし、回転すれば独創的なデザインに仕上がるかもしれません。

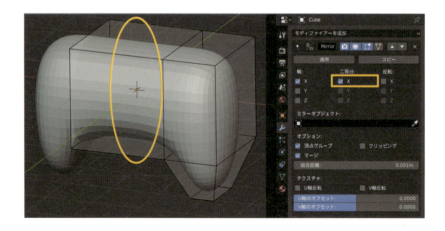

4. 編集モードからオブジェクトモードに戻して（Tabキー）から右クリックし、[オブジェクトコンテクストメニュー] - 「スムーズシェード」を選択します。表面がなめらかにシェーディングされました。
これはポリゴンを細かくしたのではなく、単色だった各面をグラデーションさせて滑らかに見せています。

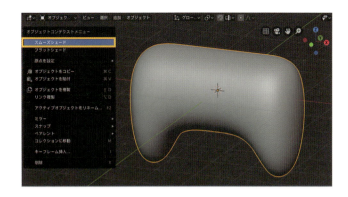

5. もう少し形を整えられるように、ポリゴンを分割します。

   ① Tabキーで編集モードに入り、[ループカット]ツールを選択してください。ループカットは、マウスカーソルの乗った辺から、向かい合う辺を連続的に分割します。

   ② 明るい黄色でプレビューされ、クリックすると中心で分割、ドラッグすると分割の割合を変更することができます。
   [ループカット]ツールのままにしていると誤操作の原因になりますので、Wキーで[選択]ツールにしておきます。

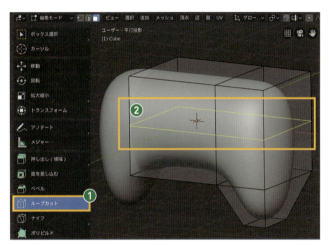

6. 輪郭に丸みを持たせます。

   ① 「辺選択」に切り替え（2キー）、ループカットで追加した辺のうち側面の辺を選択します。

   ② [移動]ツールで外側へ移動します。すぐ下の辺も同じように外側へ移動し、輪郭の形を整えます。

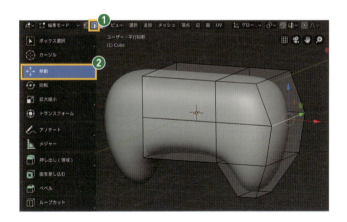

7 自由に形をアレンジしてください。ここでは「選択」と「選択解除」について紹介します。
選択解除は3つの方法から一番馴染む操作を覚えると良いでしょう。

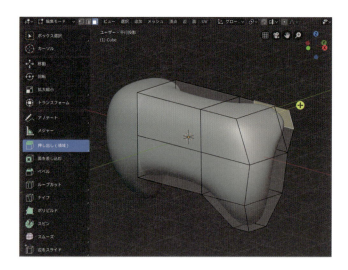

全選択	Aキー
すべて選択解除	Alt+Aキー またはAキーを素早く2回 または3Dビューの何もないところを左クリック

💡 TIPS

ツールバーの[選択]ツール

[選択]ツールを長押しするといくつかの種類が選択できます。これはWキーを押すたび即座に切り替えることができます。

03 ≫ 十字キーのモデリング

1 立方体から十字キーを作ります。Shift+Aキーから[追加]-[メッシュ]-「立方体」を選択します。

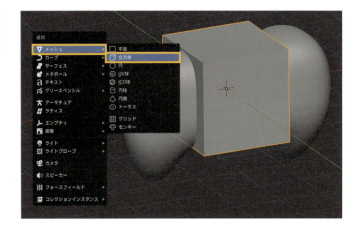

2 十字キーを配置する中心地点に配置します。オブジェクトモードで移動と縮小を行います。この立方体を中心に上下左右へ押し出すので、小さめにしておきましょう。

3 「面選択」で側面を一周選択します。Altキー＋エッジ部分を左クリックすると、そのエッジを挟む四角面を一周選択できます。

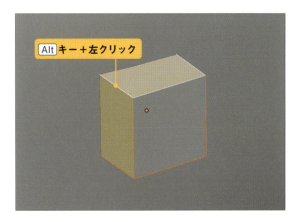

4 「押し出し(領域)」ボタンを長押ししてドラッグして、[押し出し(個別)]に切り替えます。

5 ビュー内でマウスドラッグすることでそれぞれの面の方向へ押し出され、十字キーの形になります。中央の面を移動して凹ませたり、十字の先端を広げたり、好みにアレンジしてください。

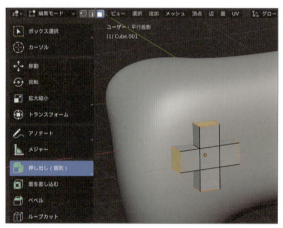

6 十字キーはゲームパッドに重ねて埋め込むので、見えなくなる背面のポリゴンは削除してしまいます。
オブジェクトが重なっていると選択しにくいので、/キーを押してローカルビューに切り替えます。これは選択されたオブジェクトだけを表示する機能です。次に、編集モードに切り替え、削除する裏側の面を選択します。Xキーで[削除]のメニューを呼び出し、「面」を選択します。
削除ができたら/キーを押して、ローカルビューを解除します。

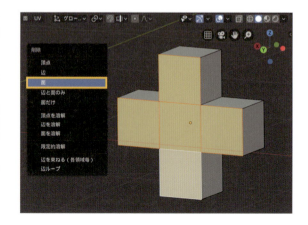

7 ❶ オブジェクトモードに移り、「ベベル」モディファイアーを追加して[幅:]と[セグメント:]の値を調整することで角をなめらかにします。

❷ [制限方法:]には「角度」を選択し、角度変化の穏やかな辺にはベベルがかからないようにします。

❸ 右クリックの[オブジェクトコンテクストメニュー]-[スムーズシェード]にします。

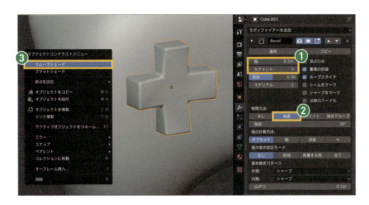

8 完成したら、サイドバーの[アイテム]タブで「拡大縮小:」の値を確認します。これは通常「1.0」であることが理想で、図のように数値が小さいと、「アニメーションなどで基準の大きさから一時的に小さくなっている」という意味になります。
これを「1.0」に戻します。

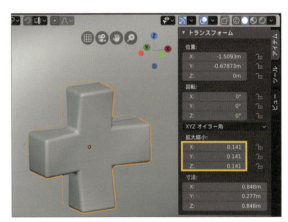

9 ❶ Ctrl+Aキーで[適用]-「拡大縮小」を選択します。

❷ すると、現在の大きさで[拡大縮小:]の値が「1.0」に設定されます。図のように、十字キーの形がおかしくなります。これはベベルの幅がm(メートル)で設定されているため、同じ値では大きくなってしまったためです。

10 [モディファイア] タブを開き、ベベルモディファイアの [幅：] を小さく、ちょうど良い値に変更します。
拡大縮小を適用する手間を省くには、拡大縮小の操作をオブジェクトモードではなく、編集モードで行うよう心がけます。オブジェクトモードでの拡大縮小は一時的なものと覚えておきましょう。

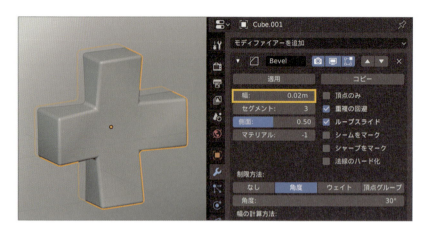

04 ≫ 各ボタンのモデリング

1 ゲームパッド右側のボタンを、「ミラー」を用いて4つ作ります。
最初にひとつの [円柱を追加] して、[頂点] を「8」にします。これで8角柱になります。頂点数を減らすのは、後に「サブディビジョンサーフェス」モディファイアーで全体のポリゴン数を増やす予定があるためです。

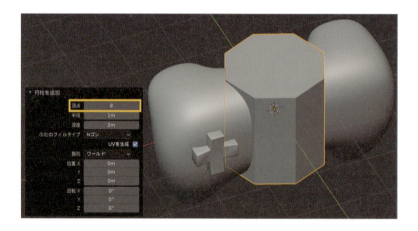

2 オブジェクトモードで原点が4つのボタンの中心になるように移動します。原点がゲームパッドの表面付近になるようY方向にも移動します。
オブジェクトモードで移動するのは、原点の位置がミラーの中心になるためです。

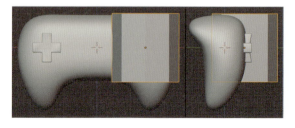

3 編集モードでボタンを回転させます。
[R]→[X]→[9]→[0]（回転→X軸を中心に→90度）の順にキーを押します。
続けて大きさをボタン1つ分程度に縮小します。

4 正面から見て斜め方向に移動します。3Dビューを「フロント・平行投影」にしたあと、ヘッダーから磁石のアイコン🧲（スナップ）を有効にして、斜め（X、Z）方向へ同じ割合で移動します。移動が終わったらスナップを無効にします。
また、スナップを有効化／無効化が面倒であれば、移動中に[Ctrl]キーを押している間は一時的にスナップの効果が得られます。

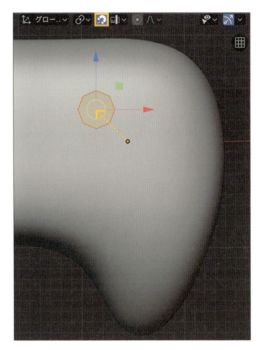

5 ❶「ミラー」モディファイアーを追加して、[軸:]のチェックをXとZに入れます。

❷ これで同じボタンが4つになりました。

6 十字キー同様に、[/]キーでローカルビューにして、見えなくなる後ろの「面」を削除します。「ミラー」モディファイアーを使用しているため、4つすべてのボタンが同時に編集されます。

7 ❶ オブジェクトモードに戻り、「サブディビジョンサーフェス」モディファイアーを追加して、[細分化:]-[レンダー:3][ビューポート:3]とします。

❷ さらに右クリック[オブジェクトコンテキストメニュー]-「スムーズシェード」を行います。

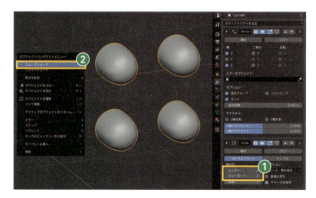

8 ❶ 編集モードで、ボタンの側面に[ループカット]を行います。

❷ 図の「辺」にマウスカーソルを重ね、図同様のプレビューが表示されたら、ドラッグして前方へスライドします。

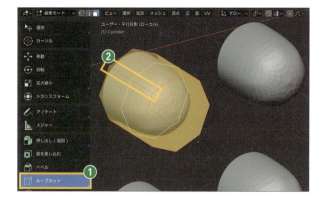

9 ドラッグ、または係数の操作をして、正面側の角近くを切るようにします。こうすることで、「サブディビジョンサーフェス」モディファイアーによって丸くなった形状に、カドを立たせることができます。

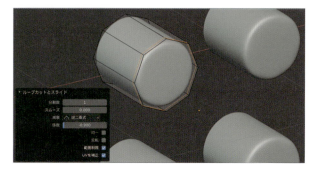

10 ボタン正面の面を選択して右クリックし、[面コンテクストメニュー]から「扇状に分離」を選択します。中心のオフセットで少し前に膨らむ形にします。または、面の中心にできた点を手前へ移動する手順でも同じ形が作れます。

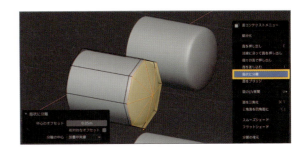

11 多くのゲームパッドはボタンが上下左右の配置になっているので、オブジェクトモードで45度回転します。ショートカットキーで R → Y → 4 5（回転 - Y軸を中心に - 45度）の順にキーを押します。
ショートカットキーを使わずに[回転]ツールのマニピュレーターを使用して回転する場合は、Ctrl キーを押しながらY軸（緑色）のリングをドラッグすることで、5度ずつの制限をかけて回転することができます。回転中にはビューの最上部に角度の数値が表示されるので、45度回転させてください。

12 ❶「ミラー」モディファイアの[適用]ボタンを押します。モディファイアーを適用すると、「ミラー」モディファイアーの効果で描画されていたボタンが個々に選択できるポリゴンに変換され、適用したモディファイアーは消えます。これは後の色分けのためと、回転の「45°」を適用して「0°」にすると、ミラーの方向が変わってしまうので、それを回避するためです。

❷「ミラー」モディファイアーを適用したら、Ctrl + A キーで回転を適用して「0°」にしてください。

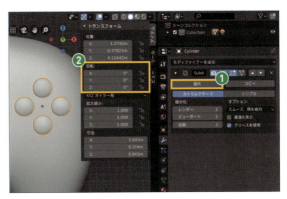

13 他のボタンやスティックなど、ゲームパッドらしいパーツをモデリングして仕上げましょう。
「ミラー」モディファイアーを使用するパーツを移動するときは、原点の位置に注意してオブジェクトモードか編集モードか使い分けます。もしくは[ミラーモディファイアー]の設定から[ミラーオブジェクト]を指定することで、他のオブジェクトの原点を中心にミラーすることもできます。

265

05 ≫ マテリアルを分ける

1 マテリアルは色や質感を決定するものです。

① 実際に設定された色や質感を見ながら操作するため、Zキーを押してシェーディングを「ルック開発」に切り替えます。

② ショートカットキーを使わずに3Dビューのヘッダーからボタンをクリックして切り替えることもできます。左からワイヤーフレーム、ソリッド、ルック開発、レンダーの順になっています。

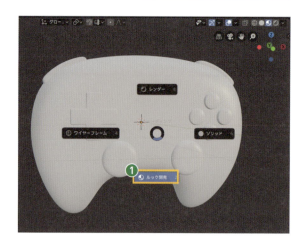

2 ［3Dビューのセッティング］から［シーンのライト］にチェックを入れると、現在のシーンに配置されているライトからの光と影が表示されるようになります。

3 ゲームパッドにマテリアルを設定します。

① ゲームパッドを選択して、［マテリアル］タブを開きます。

② あらかじめ設定されたマテリアルがなければ、「新規」ボタンを押して新しいマテリアルを作ってください。

4 白いマテリアルが追加されるので、[ベースカラー]を好みの色に設定します。マテリアルで質感表現するための設定項目については、「レンダーエンジンの種類と設定と覚えよう(P.269)」で詳しく説明します。
作成したマテリアルには名前を付けましょう。同じ色質感のマテリアルは他の箇所にも使いまわすことができ、このようにしておくことで、色質感を変えたいときには一括で変更することができます。

5 ボタンに色を付けます。

❶ ひとつのオブジェクト内で複数のマテリアルを使う場合は、マテリアルスロットの右にある ➕➖ ボタンの ➕ ボタンを押してマテリアルスロットを増やします。

❷ それぞれのスロットにマテリアルを作成、編集モードでマテリアルを設定したい面を選択してから[割り当て]ボタンを押します。ボタンのように分離しているパーツは、マウスカーソルを重ねて L キーを押すことで簡単に選択することができます。各ボタンを好みの色に設定してください。

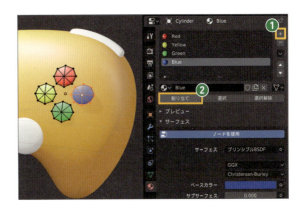

6 ❶ 一度作ったマテリアルを別の箇所で再利用するには、[新規]ボタンの左側のアイコンをクリックします。
❷ 作成済みのマテリアル名とサムネイルが表示されるので、使用したいマテリアルを選択します。

下絵について

1

モデリングのガイドになる下絵を表示するには、画像ファイルを3Dビュー内へドラッグ&ドロップします。このとき画像を表示するための「Empty」が作られ、3D空間上に画像が配置されます。通常のオブジェクト同様に、選択して移動、回転、拡大縮小することができる他、プロパティの[オブジェクトデータ]タブから透過や透視投影時に表示/非表示などの設定ができます。最初のドラッグ&ドロップ時に視点が斜めだった場合、その方向へ向くように追加されることに注意してください。

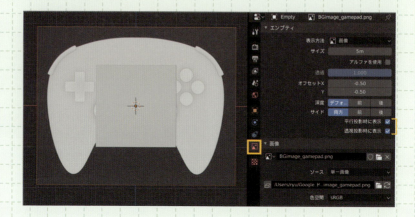

2

カメラビューに下絵を表示するには、「カメラ」を選択してプロパティの[オブジェクトデータ]タブから、「下絵」にチェックを入れて画像を追加します。[深度]の「前」「後」で、下絵をオブジェクトより前に表示するか、後ろに表示するかを選択します。[フレーム方法]を「フィット」か「トリム」にすることで縦横比が保たれます。

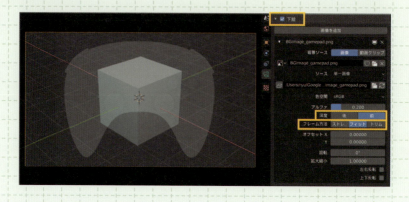

EXTRA STAGE 2 レンダーエンジンの種類と設定を覚えよう

Blender2.8には、レンダリングを行うためのレンダーエンジンが3種類搭載されています。「Cycles」「Eevee」「Workbench」、それぞれの特徴と設定方法を学習して、目的に合った最適なものを選べるようになりましょう。

Cycles

最初に、最も基本となる「Cycles」から学びます。Cyclesは、理解しやすく美しいレンダリング結果を得られる、優れたレンダーエンジンです。初期設定のレンダーエンジンはEeveeですが、EeveeはCyclesの応用となるので、最初にCyclesでレンダリングの基本を身に付けましょう。

進め方ガイド

『RenderEngine_Study_Cycles.blend』を開きます。

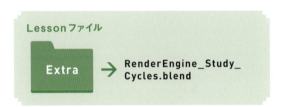

画面左側は絵の仕上がりを確認するためのカメラビュー、右側は作業用のユーザービューです。画面レイアウトは自由に変更してください。
シーンにマテリアル設定とライティングを施して、Cyclesでのレンダリング設定を学びます。
開いたファイルのシェーディングを「レンダー」に切り替えると、図のような状態になります。

⟫ Cyclesの特徴

Cyclesの優れた点は、その仕上がりの美しさと、設定の簡単さです。
物理ベースレンダリング(Physically Based Renderingの和訳。略してPBRと呼ばれることも多いです)により、現実を再現するような考え方で、質感設定やライティングを行うことができます。

欠点はレンダリング時間が長いことです。レンダリングの経過とともにノイズが消えていくため、PCの性能や、シーンの複雑さによっては1枚のレンダリングに数十分から数時間かかるようなこともあります。しかし近年、このレンダリング時間対策のために「デノイズ」という機能が登場し、レンダリング時間は何倍も高速になりました。

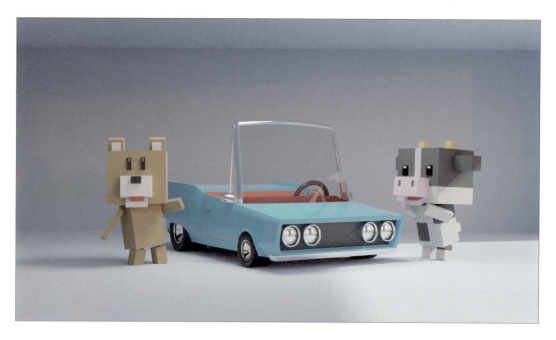

01 ⟫ レンダーエンジンからCyclesを選択する

Blender 2.8のレンダーエンジンは「Cycles」に加え、「Eevee」と「Workbench」の2つが追加され、使用するレンダーエンジンは、プロパティの[レンダー]タブから選択します。「Cycles」が選択されていることを確認してください。

02 ≫ Cyclesのマテリアルを設定する

最初に、自動車のマテリアルを編集することで、質感設定の基礎を学習します。図左がファイルを開いた状態、図右が目標です。マテリアルはすべて「プリンシプルBSDF」という初期設定マテリアルを使います。「プリンシプルBSDF」は万能とも言えるマテリアルで、よほど特殊な材質でない限り、これひとつで表現することができます。編集可能な数値がとても多いので難しそうに見えますが、半分以上は普段操作しない値です。ここでは必須になる項目に絞って学習するので、ここだけはしっかり覚えましょう。

TIPS

ビューポートオーバーレイ

3Dビューのヘッダー右側にある「ビューポートオーバーレイ」は、3Dビューに表示するものを選択したり、ボタンでこれらすべての表示/非表示を切り替えることができます。3Dビューのシェーディングを「レンダー」にしたとき、完成した絵に重なった情報が邪魔なときには、 をクリックして、ビューポートオーバーレイを一括で非表示にするとよいでしょう。

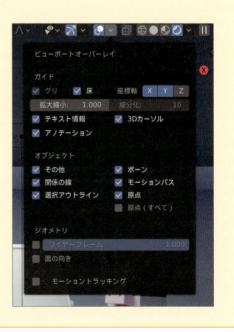

メタリック

はじめに「メタリック」の値について学習します。マテリアルの設定を行うときには、まずその材質は金属かどうかを考えます。もし金属でなければ「メタリック」を「0.0」に設定(図左)、もし金属ならば「メタリック」を「1.0」に設定(図右)します。「メタリック」の値は、リアルな材質を作るのであれば「0.3」や「0.8」といった間の値を使いません。塗装されているものを表現する場合、目に映るのは素材ではなく塗料なので、塗料が金属色かどうかを考えます。

メタリック「0.0」　　　メタリック「1.0」

実際に操作していきましょう。

❶ 車のボディ(「Car_Body」)を選択して、[マテリアル]タブを開きます。

❷ マテリアルのリストから「Silver」を選択して、「メタリック」の数値を「1.0」に設定します。

❸ 「Silver」のマテリアルが金属色になりました。ヘッドライト、バンパー、フロントガラスを囲うピラー、ミラー、ホイールの質感の変化を確認してください。金属色は周囲の景色が映り込みが見栄えに大きく影響します。何もない空間にオブジェクトがポツンと配置された状態では、質感の確認が難しいことを覚えておきましょう。そのような環境の場合はシェーディングの「ルック開発」を使用すると、簡易的な写り込みが描かれて質感がわかりやすくなります。

粗さ

「粗さ」の値について学習します。「粗さ」は「光沢感」を調整するための数値で、表面がどの程度磨き上げられているかを設定します。参考にする材質の写真や現物をよく観察して、「0.0」(図右) から「1.0」(図左) までの数値でつや消しの加減を調節します。

粗さ「1.0」　　粗さ「0.0」

実際に操作していきましょう。

❶ 車の「ボディ (Car_Body)」を選択して、[マテリアル] タブを開きます。

❷ マテリアルのリストから「Body」を選択して、「粗さ」の数値を「0.1」に設定します。車体に映り込む地面やフロントガラスがよりハッキリしてきました。ボディ塗装色は金属色ではないため、「メタリック」は「0.0」のままです。
また、ベースカラーを変更すると車の色を変えることができるので、好みの色に設定してください。

伝播とIOR

「伝播」と「IOR」の値について学習します。「伝播」は「透明度」を調整するための数値です。「1.0」にすると透明になりますが、ベースカラーの影響を受けるので(図右)、本当に透明なマテリアルを作りたい場合はベースカラーを完全な白にします。初期設定の白はRGBそれぞれ「0.8」の僅かに暗い白であることに注意してください。

透明になったマテリアルは「IOR(Index of Refraction、屈折率)」で水なのか、ガラスなのか、ダイヤモンドなのか、といった質感設定を行います。屈折率についてはネットからも調べることができるので、その値を「IOR」に入力してください。初期設定は「1.45」でガラスの質感になります。

透明なマテリアルは図右のように中身の詰まった状態としてレンダリングされます。もし、薄くて中身がカラである質感が欲しければ、「ソリッド化」モディファイアーなどでモデルに厚みをつけてください。

実際に操作していきましょう。

① 車の「ボディ(Car_Body)」を選択して、[マテリアル]タブを開きます。

② マテリアルのリストから「Glass」を選択して、「伝播」の数値を「1.0」に設定します。
フロントガラスが透明になり、奥が透けて見えるようになりました。より透明にするなら「ベースカラー」を明るくしますし、スモークのかかった印象にするなら暗くします。

TIPS

ガラスのモデルの注意点

フロントガラスのモデルに厚みをつけないと、同じマテリアル設定でも図のように奥の景色がレンズ越しのように大きく屈折してしまいます。「Cycles」でレンダリングするガラスのモデルには、現実同様に厚みをつける必要があることを覚えておきましょう。

03 ≫ サンライト（太陽光）を追加する

1. シーンの舞台には右側に大きな窓があります。そこから光が差し込むようにして、シーンをより明るくしましょう。
[追加]-[ライト]-「サン」でライトを追加します。「サンライト」は回転で光の向きを指定し、太陽の光のようにシーン全体を一定の方向へ向けて照らします。

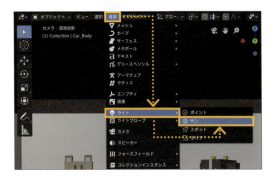

2. サンライトの向きを変えて陽が差し込むようにし、画面の外に窓があることを伝えます。サンライトの位置はどこにあっても変化しませんが、操作しやすいところに配置しましょう。明るさが弱いので、サンライトを選択した状態で[オブジェクトデータ]タブを開き、「強さ」を「10.000」にします。

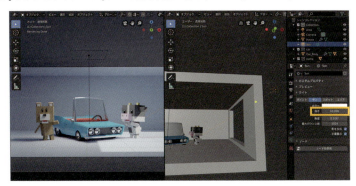

04 ≫ 環境テクスチャを設定する

1. 空の色が初期設定では暗めのグレーに設定されています。ここに写真から作られた「環境テクスチャ」を使用します。

   ❶ [ワールド]タブのカラー、右端のボタンから「環境テクスチャ」を選択します。

   ❷ 環境テクスチャの「開く」から環境に使う画像を開きます。

.hdrや.exrの環境画像を持っていればそれを開いてください。好みの画像を探してダウンロードするには、HDRI HAVEN(https://hdrihaven.com/)がおすすめです。作例ではBlenderのフォルダ下にあるexrファイルを使用しており、

・Macの場合は　blender.app/Contents/Resources/2.80/datafiles/studiolights/world/
・Windowsの場合は　2.80\datafiles\studiolights\world\

から、「sunset.exr」を選択しています。

環境テクスチャにexrやhdrといった、ダイナミックレンジの広い画像を使用すると、その写真に写った光源から照らされて影が落ちます。図は、環境テクスチャによって赤みがかった夕日が差し込み、後ろの壁が照らされた状態です。

POINT
本来、サンライトと、sunset.exrの光源はどちらも太陽光なので、向きと色を一致させるか、どちらか一方だけ使用するのが正しいライティングですが、ここではそれぞれの光源の効果がわかりやすいように、別の方向から、別の色の光となっています。

05 ≫ レンダリングする

Cyclesのレンダリングは、時間をかけるほどノイズが少なくなっていきます。しかし、十分に綺麗になるまでレンダリングすると、とても長い時間が必要で、アニメーションのレンダリングには何日もかかってしまいます。そこで「デノイズ」という機能を使用して短時間でかつ許容できる品質はどのくらいなのかを調べます。

図はそれぞれ、サンプル数とデノイズの有無、レンダリングにかかった時間と画質の比較です。「Sample1000」は1枚のレンダリングに30分かかっていますが、アニメーションを作るには、1秒間に24フレームの画像を必要としますので、最短でも1秒分のアニメーションレンダリングに12時間かかることになります。「Sample 128 + デノイズ」なら、1秒分のレンダリングがおよそ2時間で終わりそうです。

1 レンダリングはトップバーの[レンダー]から、[画像をレンダリング]または[アニメーションをレンダリング]で開始します。ショートカットキーは画像をレンダリングが F12 キー、アニメーションをレンダリングが Ctrl + F12 キーです。

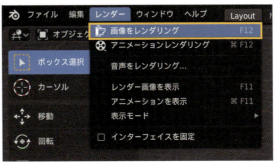

2 サンプル数は、[レンダー]タブの[▼サンプリング]から設定します。[レンダー]が仕上げのレンダリング時のサンプル数で、[ビューポート]は3Dビューのシェーディングをレンダーにしたとき、レンダリングを停止するサンプル数です。シーンによっても必要な値は変わるので、数値を変えながら何度かテストレンダリングを行って、十分な品質の得られる値を見つけます。

3 「デノイズ」を使用するには、[ビューレイヤー]タブから「デノイズ」にチェックを入れます。サンプル数が低すぎるとデノイズの結果がぼやけてしまうため、レンダリング結果の品質を注意深くチェックしましょう。また、デノイズはシェーディングのレンダーには反映されません。

4 極端に明るい光があると、デノイズが好ましくない結果になる場合があります。

レンダリングができたら画像を保存します。これで「Cycles」の学習は終了です、次は「Eevee」について学習していきます。

Eevee

Blender2.8の目玉機能でもある「Eevee」は、物理ベースの高品質なリアルタイムレンダリングが魅力です。外部のゲームエンジンを使用することなく、今までの3Dアニメーション制作で最大の問題であったレンダリング時間を短縮することが可能になりました。しかし、高速化のために、省かれた表現を必要に応じて有効化するなど、設定する項目はCycelsよりも多く、多少複雑です。ここではCyclesの結果に近づけるための試行錯誤を体験していきましょう。

進め方ガイド

『RenderEngine_Study_Eevee.blend』を開きます。

このシーンは、ひとつ前のCycles（P.269）のチュートリアルを済ませた状態と同じです。ご自身で作ったファイルを別名保存して続きを学習することもできます。

画面左側は絵の仕上がりを確認するためのカメラビュー、右側は作業用のユーザービューです。画面レイアウトは自由に変更してください。
Cyclesの設定が完了したシーンにEeveeの設定を施して、似た仕上がりにするためのレンダリング設定を学びます。
開いたファイルのシェーディングを「レンダー」に切り替えると、図のような状態になります。
Cyclesの操作や設定を忘れてしまったら、もう一度遡って学習しましょう。Eeveeの設定はCyclesを理解した状態で学習するのが理想的です。

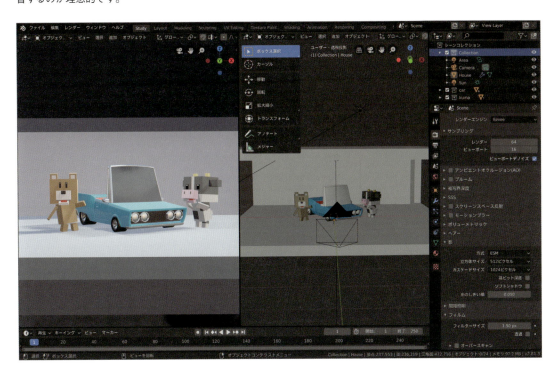

≫ Eeveeの特徴

Eeveeの優れた点は、圧倒的なレンダリング速度と、Cyclesの設定をほとんど共有できる点です。高品質なゲームグラフィックと同じように、作業中はほぼ完成品質でリアルタイムレンダリングを行い、レンダリング時には数秒程度の時間をかけて、より完成度の高い絵に仕上げます。
欠点はCyclesに比べて設定が複雑になること、Cyclesに比べ、表現力が落ちることです。
初期設定では反射も屈折も間接照明も行われません。屈折の設定を行っても重なったガラスは一度しか屈折しませんし、ライト以外の光源による陰影は精度が落ちます。
室内では太陽光が角から漏れてしまうこともあります。これらの欠点に対して必要な対策を設定していく必要があります。

01 ≫ レンダーエンジンからEeveeを選択する

プロパティの[レンダー]タブから[レンダーエンジン]-「Eevee」を選択してください。

02 ≫ Eeveeでの反射と屈折の設定

Eeveeのレンダリングに反射と屈折の表現を有効にする設定を行います。

❶ 3Dビューの「シェーディング」を「レンダー」に変更してください。[レンダー]タブから「スクリーンスペース反射」のチェックを入れます。これで反射が描かれるようになりました。

❷ 次に▶をクリックして展開し、「屈折」にもチェックを入れます。これは透明なマテリアルを描くためのチェックです。3Dビューを見ると、自動車の質感に反射が描かれるようになりましたが、ガラスは不透明なままです。

2

① 車の「ボディ(Car_Body)」を選択し、[マテリアル]タブを開きます。

② マテリアルのリストからGlassを選択して、[▶設定]をクリックして展開、「スクリーンスペース屈折」にチェックを入れます。
3Dビューを見ると、ガラスに透過屈折の表現が描かれるようになりました。しかしCyclesの結果と違い、レンズのような屈折になっています。これはEeveeが1度しか屈折を描けないためです。Cyclesでも厚みのないガラス面ではレンズのようになってしまいます。

3

Eeveeでも同じような仕上がりに見せるため、グラスのマテリアルを少し変更します。

① 「IOR」を「1.000」にすることで屈折をなくします。

② 次に、「クリアコート」を「1.000」にすることで反射が入るようにします。これは見た目を重視した設定変更のアイデアのひとつです。Cyclesでレンダリングするときには、忘れず元に戻します。

4

スクリーンスペース反射は、カメラに映った絵を元に反射を作るため、カメラから見て裏側だったり、カメラの外の景色は反射することができません。そこで、より高品質な反射を描く方法を学習します。[追加] - [ライトプローブ] - [反射キューブマップ]を追加してください。

① [レンダー]タブの[▼間接照明]から、「キューブマップのみベイク」をクリックします。

② 数秒待つと反射の様子が少し変化します。これは、キューブマップの中心から360度見渡した画像を作り、それを反射に使用しているためです。
この状態で保存すると、ベイクしたキューブマップも保存されます（ただし、ベイクされたキューブマップはアニメーションを追跡しないことに注意してください。アニメーション作品では写り込みに違和感を生む可能性があります）。

① どのようなキューブマップが作られたか確認します。[▼表示] - 「キューブマップサイズ」右側のボタンをクリックして目を開いたアイコン◉にし、キューブマップサイズを十分に大きくします。3Dビューに現れた球状のものがキューブマップのプレビューで、どのような景色が映り込むのか確認することができます。

② キューブマップの下半分を確認すると、部屋の白い床ではなく、環境テクスチャの写真が描かれています。これはクリッピングという、キューブマップの中心から一定の範囲を無いものとする機能が働いたためです。クリッピングは、重なったオブジェクト（この場合は車）がキューブマップに描画されないように設定するための機能です。

7 ❶ キューブマップの高さを、車の高さの中心くらいまで移動して、もう一度「キューブマップのみベイク」します（**5**参照）。地面が白く映り込めばOKです。

❷ より詳細な設定を行うには、キューブマップを選択した状態で[オブジェクトデータ]タブを開き、[▼ビューポート表示]-「クリッピング」にチェックを入れます。

❸ キューブマップのアイコンにクリッピング範囲を示す直線が追加されるので、それを見ながら「クリッピング開始」の距離を調整します。反射させたいオブジェクト（この場合は車）よりも少しだけ大きく、できるだけ他のオブジェクトに触れないように、クリッピング開始の距離とキューブマップの位置の両方を調整します。しかしこのシーンでは、車とキャラクターの距離が近く、うまく車だけをクリッピングすることができません。

8 ❶ このシーンには車だけのコレクションが設定してあるため、車はキューブマップに写り込まないという設定ができます。[▼表示/非表示]-「コレクションの可視設定」から「Car」を選択して、右側の↔（可視性を反転）ボタンをクリックしてください。

❷ 設定できたら、もう一度「キューブマップのみベイク」を行います（**5**参照）。これでキューブマップから車の写り込みだけがなくなりました。キューブマップサイズの目のアイコンをクリックして、非表示（閉じた状態）にしておきましょう。

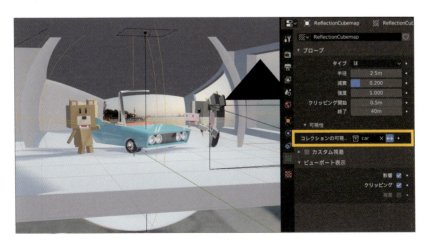

03 ≫ Eeveeの影の設定

1 Eeveeでは、サンライトの位置がシーンに近すぎると、正しい影が描画されません。そこで、サンライトを選択して[移動]ツールで十分に遠ざけてください。ビューポートの「シェーディング」を「レンダー」にした状態で移動すると、影の変化が確認できます。図のように、窓からの光がCyclesのときと同じように描画されるところまで移動しましょう。

2
❶ Eeveeのライトが落とす影は、オブジェクトの各パーツや、キャラクターの足元など、オブジェクト同士が接近、接触しているところで薄くなってしまいます。

❷ これを解消するには、「ライト」を選択して[オブジェクトデータ]タブを開き、[▼影]の中の、「コンタクトシャドウ」にチェックを入れます。

❸ また、コンタクトシャドウの初期設定では不十分だった場合、「距離」の値を増やします。影とうまく馴染まない場合は、「柔らかさ」、「幅」の値を操作して馴染ませてください。図はコンタクトシャドウを使用した場合の比較です。

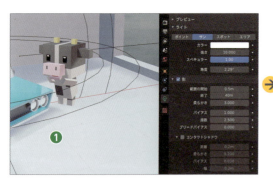 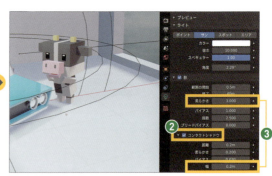

3
❶ 次に、影をぼかすための設定を行います。[レンダー]タブの[▼影]から「ソフトシャドウ」のチェックを入れます。

❷ 図はソフトシャドウを使用した場合の比較です。天井にエリアライト（面積を持った光源）が配置されているため、影がボケるようになりました。

ソフトシャドウ OFF　　　　　　　　　　　　ソフトシャドウ ON

4 Eeveeの影は、オブジェクトの角から光が漏れてしまう場合があります。

① 「舞台(House)」を選択します。

② [モディファイアー]タブの「ビューにモディファイアーを表示 ◻ 」をクリックして解除します。いま解除したモディファイアーは「ソリッド化(Solidify)」という、厚みを持たない面に厚みをつけるものです。ソリッド化を解除して厚みを失うことで、光漏れが起こりやすくなりました。
壁や床、天井を平面でモデリングした場合には光漏れに注意が必要です。

5 「ソリッド化モディファイアを有効」にして厚みをつけても、光が漏れてしまうこともあります。
この場合は、[レンダー]タブの[▼影]から「方式」を「VSM」に変更し、「高ビット深度」にチェックを入れます。影の問題を100%解決するのは難しいですが、ほとんどの場合の光漏れに十分な効果があります。図はVSM、高ビット深度に設定した場合の比較で、わずかに残った光漏れが解消しています。

ESM 高ビット深度 OFF

VSM 高ビット深度 ON

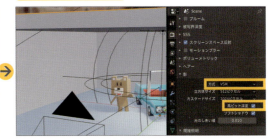

※Blender2.81ではESM、VSMの切り替えがありません。

💡 TIPS

アンビエントオクルージョン(AO)を使用する

シンプルなライティング環境の場合、Eeveeでは立体感が乏しく、オブジェクトの境界線が曖昧になりがちです。この場合は、[▼アンビエントオクルージョン(AO)]にチェックを入れると立体感が増します。アンビエントオクルージョンは、環境光の届きにくいところに陰影を描く機能です。

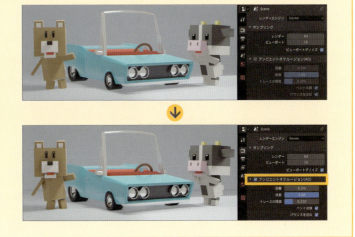

04 》》 Eeveeの間接照明の設定

❶ 壁に当たった光が反射して周辺を照らす効果、間接照明を設定します。[追加] - [ライトプローブ] - [イラディアンスボリューム] を追加してください。

❷ シーンでは重なって見にくいかもしれませんが、右図のような形のものが追加されました。「イラディアンスボリューム」は間接照明の計算を行う範囲を設定します。立体的に配置された点は光を記録する場所で、数を増やすほど高精度な間接照明を描画できます。

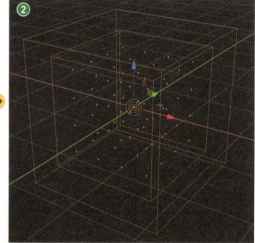

「イラディアンスボリューム」を部屋の高さの中心まで移動し、次に「X」「Y」「Z」各方向へと、部屋いっぱいの大きさに拡大します。

一番外側の点が、部屋の壁、床、天井より少し内側に来るように、丁寧に拡大するのがポイントです。点がはみ出して壁に埋まることのないようにしてください。

カメラのある方向には壁がないので、前後（Y方向）は背後の壁に合わせて拡大します。

図のように、トップビューとフロントビューを作って、シェーディングを「ワイヤーフレーム」にすると作業しやすいです。

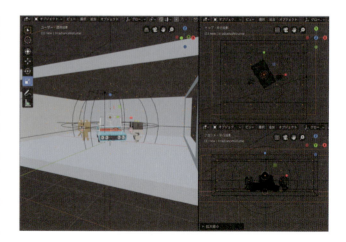

3 より高精度な結果に仕上げたい場合は、「イラディアンスボリューム」を選択して[オブジェクトデータ]タブを開き、[▼プローブ] - 「解像度X」「Y」「Z」をそれぞれ増やしましょう。

点と点の間は滑らかにグラデーションしますが、点の密度が高ければ、それだけ色の変化も詳細に捉えることができるようになります。解像度を変更すると、点の位置もズレるので、「イラディアンスボリューム」を拡大縮小して再調整してください。

解像度を上げたら、もういちど間接照明のベイクを行います。解像度の値を増やすほど間接照明のベイクには長い時間がかかるようになります。図のような解像度にすると、パソコンの性能次第ですが間接照明のベイクに10分以上かかるかもしれません。

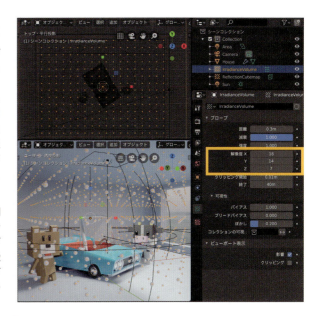

TIPS

アニメーションするオブジェクトを含めたまま間接照明をベイクすると……

左図のように影や反射光だけが床や壁に残ります。これを回避するには、動かない部分のみのコレクションを作成し、それを「イラディアンスボリューム」の[オブジェクトデータ]タブから、「コレクションの可視設定」に設定（右図）して間接照明をベイクします。
アニメーション作品では重要になるので、あらかじめ動く部分と動かない部分をコレクション分けしておきましょう。また、どうしても反射光を描いたアニメーションが欲しいカットでは、Cyclesを使ってレンダリングします。

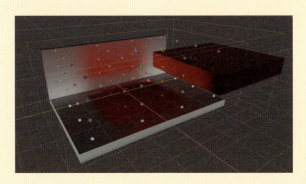

裏面を映り込ませる

［追加］-［ライトプローブ］-［反射平面］を追加して、反射させたい平面に重ねると、スクリーンスペース反射では描画できない裏面も写り込ませることができます。また、反射平面は「キューブマップのみベイク」をする必要もありません。

図は床面の左側がスクリーンスペース反射、中央が反射平面を使った反射、右側青い部分は凹凸感のあるマテリアルに反射平面を使用した状態です。スクリーンスペース反射では描画できない裏面が、反射平面を用いることで描画されていることがわかります。また、反射平面はマテリアルによる凹凸感で歪ませることも可能です。

水面や鏡などの平らな部分には、「反射キューブマップ」ではなく、「反射平面」を使用することで高品質に仕上がります。

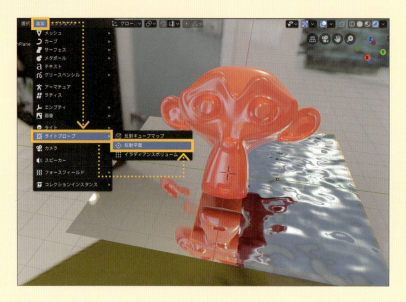

05 ≫ レンダリングする

1. レンダリングはトップバーの[レンダー]から、「画像をレンダリング」または「アニメーションレンダリング」で開始します。ショートカットキーは「画像をレンダリング」が F12 キー、「アニメーションレンダリング」が Ctrl + F12 キーです。

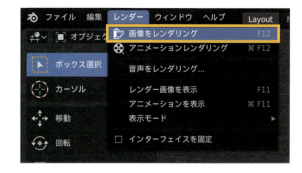

2. サンプル数は Cycles 同様、[レンダー]タブの[▼サンプリング]から設定します。Eevee はレンダリングに目立ったノイズが発生しないため、Cycles に比べて低い値でもきれいに仕上がります。
もし影のボケにノイズが目立つ場合は、数値を倍くらいに高めて再レンダリングと確認をしましょう。

レンダリングができたら画像を保存します。これでEeveeの学習は終了です。
次は Workbench について学習していきます。

Workbench

最後に、一風変わったレンダーエンジンである「Workbench」を学びます。3DCGの正確な描画は魅力だけれど、写実的な表現ではなく、コミック調やアニメ調に仕上げたい。あるいはもっと独自のスタイルを作りたい。このような簡易ノンフォトリアル表現にはWorkbenchが最適です。どのようなことができるのか、操作しつつ体験していきましょう。

進め方ガイド

『RenderEngine_Study_Workbench.blend』を開きます。

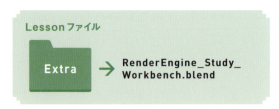

このシーンは、ひとつ前のEeveeのチュートリアルを済ませた状態と同じです。ご自身で作ったファイルを別名保存して続きを学習することもできます。

画面左側は絵の仕上がりを確認するためのカメラビュー、右側は作業用のユーザービューです。画面レイアウトは自由に変更してください。
Workbenchは、CyclesやEeveeのほとんどの設定を共有しません。
開いたファイルのシェーディングを「レンダー」に切り替えると、図のような状態になります。

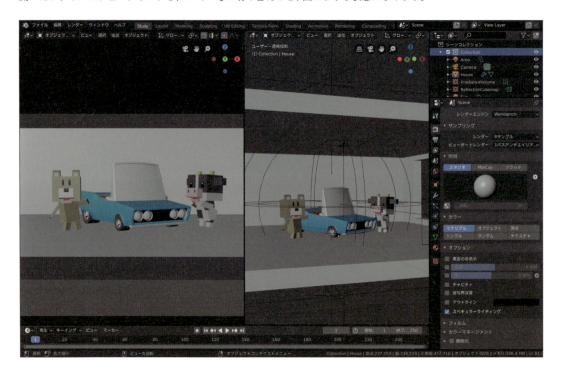

Workbenchの特徴

Workbenchは、CyclesやEeveeの物理ベースレンダリングとは異なり、ノンフォトリアル（写実的ではない）表現に特化した一風変わったレンダーエンジンです。陰影を描かずに輪郭線を描画してイラストのように仕上げたりすることができます。Workbenchもリアルタイムレンダリングのため、設定もアニメーションのレンダリングも、非常に快適に行うことができます。
Workbenchの設定はソリッド表示の設定と同じ項目が並ぶので、これを覚えると作業中のソリッド表示をカスタマイズすることができるようになります。
欠点は、CyclesやEeveeとは設定がまったく異なる点です。マテリアルのカラーを設定していたとしても、それぞれビューポート表示のカラーに設定し直す必要があります。

01 》》》 レンダーエンジンからWorkbenchを選択する

プロパティの[レンダー]タブから[レンダーエンジン]-「Workbench」を選択してください。

02 ≫ Workbenchの設定

Workbenchは、ほとんどの設定を[レンダー]タブ内で行います。最初に[▼照明] - [スタジオ]、[MatCap]、[フラット]を見比べていきます。

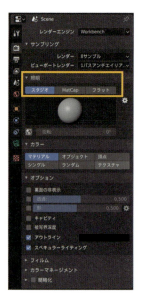

照明

●スタジオ

1 「スタジオ」は、プレビューの球をクリックして、ライティングされた球を選ぶことで、シンプルなライティングを施した見た目になり、立体感が出ます。

2 初期設定では光の方向が視点に追従し、向かって右からの光は常に向かって右から当たり続けますが、「⬛（ライティングを固定）」をクリックすると視点に追従しなくなり、光の方向を角度で指定することが可能になります。スタジオライトは影を落とさず、影を表示する設定にしても影の方向は連動しません。

●MatCap

「MatCap」は、色質感の異なるさまざまなシェーディングが施された球から選択して、すべてのオブジェクトを同じような質感で描きます。スタジオの球と同じ仕組みで、影は落ちませんし、影を表示する設定にしても影の方向は連動しません。

●フラット

「フラット」は、陰影の描写をなくして、単色のシェーディングを行います。オプションから影やキャビティを使用することで立体感を描くこともできる、素材のような状態です。

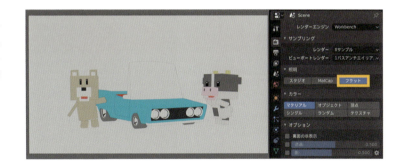

カラー

次に [▼カラー] の [シングル]、[マテリアル]、[オブジェクト]、[ランダム]、[テクスチャ] を見比べていきます。

●シングル

「シングル」は、すべてのオブジェクトがここで指定した色になります。

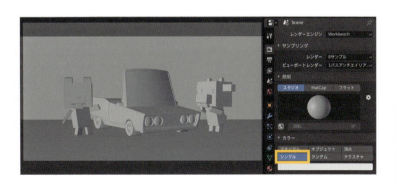

● マテリアル

「マテリアル」は、各マテリアルのビューポート表示カラーで表示されます。これはCyclesやEeveeのマテリアルのカラーとは異なる、ビューポート表示専用のカラーです。マテリアル単位で色分けしたいときに使います。

このシーンでは、あらかじめマテリアルと同じカラーが設定されていますが、本来は色を選ぶか、マテリアルカラーをコピー、ペースト（色にマウスカーソルを重ねて[Ctrl]+[C]キーでコピー、[Ctrl]+[V]キーでペースト）するなりして色を設定する必要があります。

オブジェクトを選択した状態で[マテリアル]タブを開き、マテリアルを選択して[▼ビューポート表示]から「カラー」、「メタリック」、「粗さ」を設定します。「カラー」は「A:（アルファ）」の値で半透明にすることも可能です。

● オブジェクト

「オブジェクト」は、[オブジェクト]タブのビューポート表示に設定されたカラーで表示します。一体になっていないオブジェクト単位で色分けしたいときに使います。

このシーンには、オブジェクトのビューポート表示カラーが設定されていないため、すべてのオブジェクトが白く表示されていると思います。実際にいくつかのオブジェクトで色を付けてみましょう。

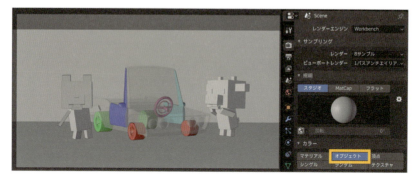

2 オブジェクトを選択した状態で[オブジェクト]タブを開き、[▼ビューポート表示] - 「カラー」を設定します。マテリアル同様に、「A:(アルファ)」の値で半透明にすることも可能です。

●ランダム

「ランダム」は、オブジェクトごとに別々のカラーがランダムで設定されます。これはモデリング時に、どことどこが別オブジェクトなのかを把握するのにも便利な表示方法です。

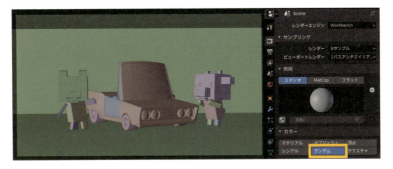

●テクスチャ

「テクスチャ」は、CyclesやEeveeで設定されたマテリアルのテクスチャを表示します。テクスチャが設定されていないマテリアルはビューポート表示カラーが使用されます。
このシーンには、テクスチャを使用しているマテリアルはないので、確認するにはレンダーエンジンを変更して、いずれかのマテリアルにテクスチャを貼る必要があります。

オプション

次に[▼オプション]の設定について見ていきます。

●裏面の非表示

「裏面の非表示」は、ポリゴンを裏面から見たときに、何も表示されなくなります。

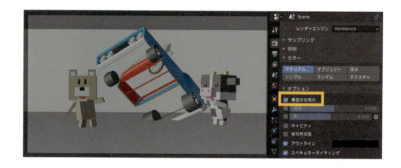

●影

「影」は、シーン全体に平行光源で照らしたような影を描きます。影の濃さは「影：」の数値で調整し、影を落とす方向を変更するには、歯車アイコン をクリックし、「ライトの方向」をドラッグします。また、「影のフォーカス」の値を大きくすると、明暗の境界がボケなくなります。
図は、照明をフラットにした状態で影を使用することで、立体感を描きました。

●キャビティ

「キャビティ」は、山折り谷折りの部分に明暗を描き、立体感を出します。
図は、照明をフラットにした状態で[▼オプション]-「キャビティ」にチェックを入れることで、立体感を描きました。

● 被写界深度

「被写界深度」は、カメラの被写界深度設定に合わせてボケを描きます。
図は、箱くまをカメラの近くへ移動し、カメラの[オブジェクトデータ]タブで、ピントの位置とF値を調整した状態です。

● アウトライン

「アウトライン」は、輪郭線を描きます。線の色を変更することも可能です。
図は、照明をフラットにした状態でアウトラインにチェックを入れ、線の色を変更して、イラストのような表現を行いました。

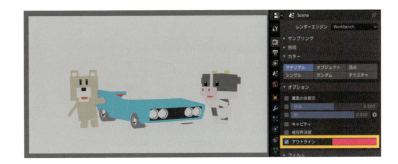

03 》》 レンダリングする

1. レンダリングはトップバーの[レンダー]から、[画像をレンダリング]または[アニメーションレンダリング]で開始します。ショートカットキーは[画像をレンダリング]が F12 キー、[アニメーションレンダリング]が Ctrl + F12 キーです。

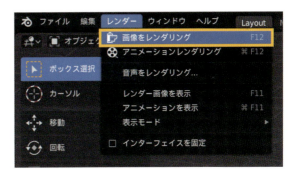

好みの組み合わせを見つけて、レンダリングができたら画像を保存します。これでWorkbenchの学習は終了です。

TIPS

ソリッド表示のカスタマイズを行う

3Dビューのヘッダーから「ソリッド表示」を選択し、「3Dビューのシェーディング」から各項目を編集します。ソリッド表示の設定はWorkbenchの設定とほぼ同じことができます。また、分割されたビューごとに独立した設定となり、レンダリングにこれらの設定は反映されません。造形を見やすくするなど、作業しやすい見た目を作る目的で使用します。

INDEX

英数字

3Dカーソル	16
3Dビュー	14,15
〜のショートカットキー	16
〜のシェーディング	21
〜の視点操作	15
4分割表示	16
Blender	
〜のインストール	11
〜の起動	12
〜のダウンロード	10
Bボーン	178
〜のセグメントを増やす	179
〜を曲げる	179
Cycles	269
〜のレンダリング	277
Eevee	279

英数字

〜で反射と屈折の設定	280
〜の影の設定	284
〜の間接照明の設定	286
〜のレンダリング	288
FFmpeg動画	28
HDRI HAVEN	246,276
IK	
〜の設定	156
〜の追加	159
IOR	274
MPEG-4	28
Preference	12
Steam	11
Workbench	290
〜の設定	292
〜のレンダリング	297

INDEX

あ行

- アーマチュア ... 117
  - 〜の対象化 ... 141
- [アイテム]タブ ... 22
- アウトライナー ... 14,24
- アクティブキーイングセット ... 56
- アニメーション付きオブジェクトの複製 ... 100
- アニメーションのレンダリング ... 27
- 粗さ ... 273
- アンビエントオクルージョン(AO) ... 285
- イーズアウト ... 180
- イーズイン ... 180
- 移動 ... 30,35
- [移動]ツール ... 31
- イラディアンスボリューム ... 286
- ウィンドウ
  - 〜の結合 ... 19
  - 〜の調整 ... 19
  - 〜の広さの変更 ... 19
  - 〜の分割 ... 19
- ウェイト
  - 〜の等高線表示 ... 127
- ウェイトペイント ... 17,124,126
  - 〜で変形を修正 ... 147

あ行

- エディターエリア ... 14
- エミッターを表示 ... 202
- オブジェクトモード ... 17

か行

- カーソル ... 16
- 解像度の分割 ... 237
- 回転 ... 36,40
- 回転軸を限定する ... 152
- [回転]ツール ... 37
- 火炎 ... 237
- [拡大縮小]ツール ... 42
- カスタムオブジェクトの設定 ... 164
- カメラビュー ... 15,16
- 環境テクスチャ ... 275
- キーイングセット ... 56
- キーフレーム ... 54
  - 〜アニメーション ... 90
  - 〜の移動 ... 96
  - 〜の消し方 ... 54
  - 〜の複製 ... 95
- ギズモ ... 31
- キューブマップ ... 282
- クイック煙 ... 234
- クイック流体 ... 241

か行

- グラス BSDF ……… 244
- グラフエディター ……… 107
  - ～の表示 ……… 108
- クリアコート ……… 281
- クロス ……… 223
- 煙 ……… 233
- 原点
  - ～の移動 ……… 72
  - ～の設定 ……… 71
- 高ビット深度 ……… 285
- コリジョン ……… 205,210
- コンタクトシャドウ ……… 284
- コンテクストメニュー ……… 18

さ行

- 最後の操作を調整する ……… 17
- サイドバーの表示 ……… 22
- 細分化（ポリゴンを細かく分割）……… 18,256
- 再分割曲面 ……… 225
- シーンの再生 ……… 93
- シェイプキー ……… 188
  - ～アニメーションを作る ……… 191
  - ～の操作 ……… 189
  - ～を作る ……… 194
- シェーディング ……… 21,266

さ行

- 下絵 ……… 268
- 視点
  - ～のズームアウト ……… 15
  - ～のズームイン ……… 15
  - ～の平行移動 ……… 15
- 自動正規化 ……… 128
- [自動のウェイトで] ……… 123
- 自動保存 ……… 25
- 縮小 ……… 41,45
- 障害物 ……… 246
- 数値の調整 ……… 255
- スカルプトモード ……… 17
- スタートアップファイル ……… 15
- ステータスバー ……… 14
- ストレッチコンストレイント ……… 184
- [スペースキー] ……… 57
- スムーズシェード ……… 257
- スムーズモディファイア ……… 150
- 静止画のレンダリング ……… 26
- [選択]ツール ……… 258
- ソフトシャドウ ……… 284
- ソフトボディ ……… 229
- ソリッド ……… 21
  - ～表示のカスタマイズ ……… 298

INDEX

た行

- ダイナミック ... 202
- ダイナミックペイント ... 247
  - 〜のキャンバス設定 ... 248
  - 〜のブラシ設定 ... 248
- タイムライン ... 14,90,91
  - 〜ウィンドウ ... 54
  - 〜のショートカットキー ... 55
- 頂点グループの編集 ... 124
- 頂点のウェイト値と色 ... 126
- 頂点ペイント ... 17
- [ツール]タブ ... 22
- ツールの切り替え ... 254
- ツールバー ... 14
- 適応ドメイン ... 239
- テクスチャペイント ... 17
- デノイズ ... 244,270,278
- テンキー ... 16
- 点選択 ... 18
- 伝播 ... 274
- 透視／並行投影ビュー ... 15
- トップ ... 31
- トップバー ... 14
- ドメイン ... 235

た行

- ドメインとフロー ... 235

な行

- ナビゲート ... 15
- 日本語UIに変更する ... 12

は行

- パーティクル ... 198
  - 〜の速度を設定する ... 199
  - 〜を作成する ... 199
  - 〜をレンダリングに表示する ... 200
- 発生源 ... 242
- 反射平面 ... 288
- ピボットポイント ... 16
- [ビュー]タブ ... 23
- ビューポートオーバーレイ ... 271
- ファイル形式 ... 28
- ファイルの作成と保存 ... 25
- フォースフィールド ... 205
  - 風 ... 209
  - 磁石 ... 208
  - 力 ... 207
  - 渦 ... 206
  - 乱流 ... 206
- 物理演算 ... 215

は行

プリンシプルBSDF ……………………… 244,271

プロパティ ……………………………………… 14,25

フロント ………………………………………………… 31

分割線 …………………………………………………… 19

ペアレント …………………………………………… 60,65

ベイク ……………………………………………… 241,282

編集モード ……………………………………………… 17

辺選択 …………………………………………………… 18

ポールターゲットの作成 ……………………… 160

ボーン ………………………………………………… 116

　　　〜とIKのアニメーション ……………… 168

　　　〜に名前を付ける ……………………… 140

　　　〜のアニメーション …………………… 120

　　　〜の作成 ………………………………… 117

　　　〜の変形の修正 ………………………… 144

　　　〜を入れる ……………………………… 132

「ぼかし」ブラシ ……………………………… 131

歩行アニメーション ……………………………… 83

ま行

マテリアル ……………………………………… 266

水の表現 ………………………………………… 244

ミラーモディファイア ………………………… 255

メタリック ……………………………………… 272

面選択 …………………………………………………… 18

ま行

モードの切り替え ……………………………… 17

モデリング ……………………………………… 252

や行

ユーザービュー ………………………………… 15

ら行

ライト …………………………………………………… 31

　　　〜の設定 ………………………………… 245

　　　〜の追加 ………………………………… 275

リジッドボディ ………………………………… 215

　　　〜の精度を高める ……………………… 222

流体 ……………………………………………… 240

流入口 ……………………………………… 243,246

ルック開発 ……………………………………… 21

レンダー ………………………………………… 21

　　　〜エンジン ……………………………… 269

レンダリング …………………………………… 26

　　　〜のノイズ対策 ………………………… 244

わ行

ワークスペースの切り替え …………………… 21

ワイヤーフレーム ……………………………… 21

著者略歴

大澤 龍一（おおさわ りゅういち）

CGデザイナー／専門学校非常勤講師。ゲームモデルやCG映像の制作など請けながら、個人製作も愉しむ。公募では、2003年のクリスマスデジタルアートグランプリ、2015年の北海道デジタルアニメコンテスト・キタアニ、それぞれグランプリ受賞。著書に『無料ではじめるBlender CGイラストテクニック』（小社刊）がある。

- カバー・本文デザイン
  近藤礼彦（スタジオギブ）
- 編集
  秋山絵美（技術評論社）
- DTP
  高瀬美恵子（技術評論社）
- 編集補助
  長谷川享（技術評論社）

無料ではじめる
Blender
CGアニメーションテクニック
【Blender 2.8対応版】
〜3DCGの構造と動かし方がしっかりわかる

2019年10月　3日初版　第1刷発行
2022年5月17日初版　第3刷発行

著　者	大澤 龍一
発行人	片岡 巌
発行所	株式会社技術評論社 東京都新宿区市谷左内町 21-13
電　話	03-3513-6150（販売促進部） 03-3513-6166（書籍編集部）
印刷／製本	株式会社加藤文明社

定価はカバーに表示してあります。

本書の一部または全部を著作権法の定める範囲を超え、無断で複写、複製、転載、テープ化、ファイルに落とすことを禁じます。

造本には細心の注意を払っておりますが、万一、乱丁（ページの乱れ）や落丁（ページの抜け）がございましたら、小社販売促進部までお送りください。送料小社負担にてお取り替えいたします。

ISBN978-4-297-10863-2 C3055
Printed in Japan

©2019 大澤龍一

● お問い合わせについて

本書に関するご質問は、FAXか書面でお願いいたします。電話での直接のお問い合わせにはお答えできません。あらかじめご了承ください。また、下記のWebサイトでも質問用フォームを用意しておりますので、ご利用ください。
ご質問の際には以下を明記してください。

- 書籍名
- 該当ページ
- 返信先（メールアドレス）

ご質問の際に記載いただいた個人情報は質問の返答以外の目的には使用いたしません。

お送りいただいたご質問には、できる限り迅速にお答えするよう努力しておりますが、お時間をいただくこともございます。なお、ご質問は本書に記載されている内容に関するもののみとさせていただきます。

● 問い合わせ先

〒162-0846
東京都新宿区市谷左内町 21-13
株式会社技術評論社　書籍編集部
『無料ではじめるBlender CGアニメーションテクニック』係
FAX：03-3513-6183
Web：https://gihyo.jp/book/2019/978-4-297-10863-2